Lucile Leclair

W0384493

Pandémies, une production industrielle

Éditions du Seuil

Ce livre est publié en partenariat entre les Éditions du Seuil
et La Pile, l'association qui édite « Reporterre »,
le quotidien de l'écologie.
Collection dirigée par Hervé Kempf.

ISBN 978-2-02-146605-8

www.reporterre.net
www.seuil.com

À Jean-Paul Rozan

INTRODUCTION

UN ÉCOSYSTÈME AGRO-INDUSTRIEL PATHOGÈNE

Fin 2019, un coronavirus jusque-là inconnu a été détecté en Chine et la maladie qu'il provoquait s'est transformée en pandémie bousculant le monde comme jamais. Elle a pour origine une interaction de l'humain avec un animal sauvage dont l'habitat forestier naturel avait été dégradé. Nous savons aujourd'hui que la majorité des virus vient de la faune sauvage et que la destruction de la nature et de ses écosystèmes est une source de pandémies. Le virus Ebola ou celui du Sida sont issus de la destruction de la forêt tropicale. Une étude parue dans la revue *Science*[1] retrace l'itinéraire du VIH, depuis son berceau dans la forêt congolaise jusqu'à la pandémie que l'on connaît aujourd'hui, et ses 36 millions de morts. Les voies de chemin de fer ouvertes pour exploiter les ressources forestières ont rapproché l'humain du chimpanzé, un hôte du VIH.

Mais il est un facteur de pandémies tout aussi important : c'est notre système de production de viandes. Pour le comprendre, il faut répertorier des monstres encore jamais ou peu vus avant l'ère de l'industrie de l'élevage. Vache folle, H5N1, H1N1, Nipah, oreilles bleues, peste porcine… Les animaux concentrés, identiques, nourris en excès et stressés se transmettent des virus. Puis ils transmettent parfois ces virus aux humains, on parle alors de zoonose.

Les épidémies qui touchent les animaux de ferme ont connu un accroissement fulgurant depuis l'industrialisation massive et mondiale de l'élevage, il est temps d'y prêter une attention soutenue, si l'on veut éviter de répéter une pandémie aussi grave, voire plus, que celle du Covid-19.

Pour aborder cette problématique inquiétante et les solutions permettant d'y faire face, ce livre suivra un chemin dont voici les cinq étapes :

1. Depuis la fin de la Seconde Guerre mondiale, le nombre d'épidémies dans l'élevage animal n'a fait qu'augmenter ; et, dans les quinze dernières années, ce nombre a quasiment triplé, selon l'Organisation mondiale de la santé animale. Pour comprendre ce phénomène, il faut le replacer dans le contexte de l'essor exceptionnel de l'industrie de la viande. Pour s'adapter à un marché national et international de plus en plus concurrentiel, l'élevage a entièrement revu ses méthodes.

2. Ces changements agricoles ont accéléré la diffusion des virus. Concentration des animaux,

déplacements multiples, défenses immunitaires fragilisées : les écosystèmes créés par l'agro-industrie sont des récepteurs et vecteurs idéaux pour les agents infectieux. D'un continent à l'autre, les mêmes animaux ultra-productifs sont sélectionnés pour l'industrie. Génétiquement homogènes, ils ne sont pas adaptés à leur milieu, ce qui les rend plus sensibles aux maladies et accentue le risque de pandémies.

3. Les épidémies soulignent les aberrations du système agro-industriel. Pourtant, elles deviennent un argument paradoxal pour invalider les paysans qui pratiquent un élevage non industriel. Les États imposent ainsi à tous la « biosécurité », ensemble de normes adaptées à l'industrie : sol en béton, aérateurs pour espace fermé et muré, aliment concentré pour le bétail, les nouvelles exigences changent la vie des bêtes. Les fermes-usines deviennent des laboratoires sans un seul brin de paille.

4. La biosécurité contribue à remodeler profondément l'économie agricole au profit des grosses unités de production. Les multinationales de l'élevage consolident leur édifice à l'aide de stratégies redoutables et renforcent leurs privilèges, car les crises sanitaires stimulent l'invention de nouveaux instruments juridiques à leur avantage.

5. Mais il existe heureusement des solutions aux nouveaux risques sanitaires. Des paysans se regroupent et se rebellent contre des normes imposées à leur détriment et proposent de nouvelles façons d'élever les bêtes. Leur démarche remet en cause le type d'alimentation trop carnée qui est devenu celui de la société contemporaine. Ils interrogent alors nos habitudes en reconsidérant ce qui se trouve dans nos assiettes.

1. Comment les animaux sont devenus des machines à produire

« Quand on attrape les poulets pour les mettre dans le camion, les os cassent. » Claude a 65 ans, une casquette fatiguée et les pouces enfoncés dans les poches de sa salopette de travail. Le camion de l'abattoir n'est pas encore arrivé. Derrière lui, un nuage semble s'être arrêté dans le ciel. Une légère brise fouille les feuilles d'un grand hêtre. Nous sommes dans le centre du Finistère.

Claude entre dans un bâtiment sans fenêtres. À l'intérieur, 25 000 poulets. Une odeur de fiente et d'urine prend à la gorge. « La litière au sol n'est pas changée. Avec le temps, elle durcit », explique l'éleveur indépendant. La densité des animaux ne permet pas de la changer, il nettoiera uniquement après le départ des poulets, avant l'arrivée d'un nouveau lot de poussins.

Claude est un des héritiers de la « révolution de l'élevage » qu'ont connue les pays développés au XXe siècle. Cette immense mutation a bouleversé la majorité des fermes. Les campagnes en sont sorties transformées. Il faut percevoir son ampleur et ses ressorts pour comprendre les épidémies qu'elle génère. En 2020, 80 % des animaux en France sont élevés dans le système intensif[1]. Cela signifie qu'ils sont enfermés toute l'année dans un bâtiment, sans accès à l'extérieur, en cage ou sur caillebotis.

L'espace d'une feuille A4

Revenons avec Claude. Son bâtiment couvre 1 200 mètres carrés dédiés à l'élevage. Chaque volatile dispose donc d'un espace de 480 centimètres carrés – inférieur à la surface d'une feuille A4 – et est nourri par des distributeurs automatiques.

Combien de temps les poulets restent-ils entre ces murs ? Les piaillements des volatiles couvrent la voix de Claude, il parle plus fort. « Ils partent à 36 jours », articule l'éleveur. En moyenne, un poulet d'élevage industriel vit entre 35 et 40 jours. C'est quatre fois moins longtemps qu'en 1950. Ils atteignent pourtant le même poids. Comment est-ce possible ? Grâce aux progrès zootechniques qui ont permis des avancées sans précédent. La zootechnie est la science qui étudie les méthodes d'amélioration de l'élevage des animaux domestiques dans le but de l'obtention d'un produit – viande, laine ou fromage, par exemple. Elle fait appel à plusieurs disciplines scientifiques comme l'anatomie, la génétique animale, la physiologie animale ou l'éthologie.

Exemple de progrès zootechnique, les néons au plafond du bâtiment de Claude. Ils diffusent une lumière seize heures sur vingt-quatre, créant un jour artificiellement long qui stimule la vitesse de croissance des animaux. Les volailles de Claude ne peuvent pas courir et difficilement marcher, tant elles sont serrées. Leurs muscles se développent plus vite que les os, grâce à des aliments très énergétiques. « Niveau viande, il y a ce qu'il faut. » Mais Claude ne mange pas de ce poulet. Il en est écœuré et fier à la fois. À son fils, il a expliqué qu'il n'y avait pas d'avenir dans l'agriculture.

Comme des milliers d'éleveurs bretons, Claude ne parle pas en kilos mais en tonnes de viande. La Bretagne représente 6 % de la surface agricole française mais elle fournit 40 % de la volaille élevée dans le pays avec 550 000 tonnes par an[2]. Au niveau mondial, la production de poulets a sextuplé au cours des cinquante dernières années, atteignant 70 milliards de têtes en 2018. L'Union européenne en produit 10 %, le Brésil 8 %, les États-Unis 13 % et la Chine 15 %[3].

Température, aérateurs, taux de nutriment, Claude vérifie les courbes sur l'ordinateur, dans le bureau situé à l'entrée du bâtiment. L'éleveur ne s'enfonce dans le hangar qu'une fois par jour, pour « ramasser les morts ». La densité importante accroît l'agressivité des animaux ; alors, pour limiter les pertes, le poussin arrive avec le bout du bec sectionné. L'élevage de

Claude est un élevage classique en France en 2020. Si un habitué de la profession y entrait, rien ne le choquerait, il verrait ce que l'on trouve de plus normal. En France, 83 % des poulets de viande sont élevés de façon intensive[4]. Les poules pondeuses, elles, sont élevées à 70 % dans des élevages de plus de 50 000 poules, soit deux fois plus que chez Claude[5].

Certes, la spectaculaire croissance de la production de volailles a contribué à réduire le nombre de personnes souffrant de la faim. Si 820 millions d'individus à travers le monde restent sous-alimentés, selon l'agence des Nations unies pour l'alimentation et l'agriculture (FAO), ils sont 200 millions de moins qu'en 1990-1992. Et durant ces trois décennies, la population mondiale est passée de 5 à 7,7 milliards. La viande est devenue un produit dont la consommation peut être quotidienne, loin des occasions spéciales. En 1780, en France, il fallait une journée et demie de travail à un ouvrier pour se payer un poulet. Pour s'offrir le même luxe, une journée de salaire était nécessaire en 1938. En 1960, pour les ouvriers les plus modestes, quarante minutes de travail suffisaient. Aujourd'hui, il faut une demi-heure de rémunération au SMIC pour acheter un poulet prêt à cuire.

Des œufs sur tapis roulant

Œufs, viande, poisson, lait, tous les types d'élevage sont concernés par la production de masse, nourrissant les habitants de la planète avec des aliments bon marché. Jamais nous n'avions élevé autant de bêtes. De 70 millions de tonnes de viande en 1961, nous sommes passés à 336 millions en 2018[6]. Cette croissance impressionnante s'est pourtant réalisée avec de moins en moins de paysans : les États-Unis, plus grande puissance agricole mondiale, ont cinq fois moins d'exploitations que l'Union européenne, et 12 % des fermes américaines génèrent 75 % de la production agricole du pays. En France, le nombre d'éleveurs de vaches laitières a chuté de 70 % entre 1993 et 2018, mais le nombre de litres produits, lui, n'a pas diminué.

Une photographie illustre les conditions de cette progression agro-industrielle. Elle a été prise au nord-ouest des États-Unis, dans l'État du Wisconsin. On y voit des milliers de veaux logés dans des niches individuelles. Entre les rangées, un camion distribue du lait en poudre dans de l'eau par-dessus le grillage. La ferme usine appartient à Milk Source, une des plus grosses laiteries de la région[7].

Le photographe est un enfant de Beverly Hills, qui après s'être formé en sciences à l'université de Stanford en Californie a voyagé plusieurs années en Afrique. Après avoir fait du stop, George Steinmetz commença à se déplacer avec un appareil photo. Trente ans et des dizaines de reportages plus tard, travaillant pour le *National Geographic*, il eut l'idée au début des années 2010 de photographier les fermes américaines. Des œufs circulant sur tapis roulant, des milliers de vaches traites en même temps : la découverte de ces cages pour animaux cause à la fois horreur et fascination.

Dans un ULM, il survolait un jour un parc d'engraissement de bovins au Kansas. Dans un rectangle de la taille d'un stade de football, sur une fine couche de sable, des milliers de vaches partageaient des enclos sans arbre, sans ombre où s'abriter et d'une forte densité. La police fédérale obligea soudain George à atterrir et lui passa les menottes aux poignets ; il resta plusieurs heures en garde à vue. Interrogé sur son projet, il rentra chez lui sonné, mais riche de quelques certitudes. « Nous avons le droit de savoir d'où viennent les aliments que nous consommons », proclamait-il. À Chicago, il photographia une « ferme verticale », avec ses étages de feuilles de basilic, salades, choux, sous la lumière artificielle. Les employés qui travaillaient huit heures sans lumière du jour portaient le T-shirt de l'entreprise, « Farmed here ». Ils montaient et descendaient les marches du bâtiment des dizaines de fois dans la journée.

George voulut continuer ses investigations, mais l'accès aux fermes lui restait refusé. « Vous pouvez envoyer les courriers les plus aimables du monde, venir de la part d'un journal renommé, rien n'y fait », expliquait-il en 2018 à *Paris Match*, après un reportage qui avait duré quatre ans. « Aux États-Unis et en Europe, il est quasi impossible d'avoir accès aux unités géantes d'élevage industriel, reconnaît le photographe. En Amérique latine et en Asie, c'est encore nouveau, et les responsables de ces usines en sont fiers. Ils m'ont laissé entrer, mais malgré tout il ne fallait pas avoir l'air trop curieux. »

« Photographier depuis le ciel est idéal pour montrer l'ordre de grandeur de ces installations », poursuivait le photographe dans *Paris Match*. George Steinmetz y tenait. ULM, hélicoptère ou drone, peu lui importe le véhicule tant qu'il pouvait voir. En Indonésie, il survola un élevage de crevettes de 180 kilomètres carrés, soit une fois et demie Paris. Au Brésil, il pointa son objectif sur les forêts amazoniennes détruites pour fabriquer le soja destiné au bétail. Dans l'État brésilien du Mato Grosso, il entra chez JBS ; le vendeur de bœufs qui porte le nom de son fondateur, Jose Batista Sobrinho. Celui-ci créa l'entreprise en 1953, elle pèse aujourd'hui près du quart du commerce bovin mondial, et son chiffre d'affaires s'élève à 50 milliards de dollars. JBS concurrence Cargill, Tyson Foods, Smithfield, Bigard, sur un marché de plus en plus porteur.

Dans son abattoir de Campo Grande, entre 15 000 et 20 000 vaches par semaine sont abattues et découpées. La cadence est effrénée, impossible de faire une photo nette, George a photographié la cantine : pendant la pause de midi, les ouvriers se restaurent sans se changer, en blouse et cagoule blanches, le casque antibruit relevé au-dessus des oreilles. 80 % de la viande de l'abattoir est exportée.

Aucun pays, aucune portion de territoire ne se dérobe à l'appétit de conquête des géants mondiaux de la viande. Tous les maillons de la chaîne, de l'élevage à l'abattage, puis de la transformation à la vente, connaissent une croissance fulgurante. Le leader international du poulet *fast-food* KFC (Kentucky Fried Chicken) n'a cessé de multiplier ses points de vente. En 1987, il ouvrait son premier restaurant en Chine. Vingt ans plus tard, l'enseigne annonçait y ouvrir un restaurant toutes les vingt-deux heures.

L'animal-machine

Jocelyne Porcher est chercheuse à l'Institut national de recherche pour l'agriculture, l'alimentation et l'environnement (INRAE) depuis une vingtaine d'années. Elle a été éleveuse, avant de reprendre, à 34 ans, des études en Bretagne. « J'ai aimé ce métier. J'ai appris à faire naître, à traire, à soigner », raconte-t-elle[8]. Elle a un bon contact avec les bêtes, disent les gens du hameau où elle vit. Mais l'agricultrice se pose plusieurs questions. La suite, elle l'a écrite dans un livre : *Vivre avec les animaux : une utopie pour le XXIe siècle* (La Découverte, 2014), dont les premières lignes racontent une anecdote : à Fukushima, après le tsunami qui a provoqué une catastrophe nucléaire en 2011, les habitants ont été contraints de partir. Des milliers d'animaux sont restés dans la zone interdite. Un éleveur ne supportait pas de laisser son troupeau crever de faim, il revenait le nourrir malgré le danger. « Lorsque je les quitte, je me dis que c'est peut-être pour la dernière fois, alors je retire ma casquette et je me prosterne. Je pense que les bêtes me comprennent. »

L'industrie animale a fait disparaître ce lien entre homme et bête, pour laisser place à une relation extractiviste, à un simple « traitement de la matière animale », pour reprendre les mots de Jocelyne Porcher. L'élevage existe depuis dix mille ans, mais les « productions animales » de l'industrie n'ont « rien à voir avec l'élevage », selon elle, pour qui le tournant a été pris au milieu du XIXe siècle, quand la science « a changé les objectifs et les règles » du travail avec les animaux domestiques. On prête à l'agronome Adrien de Gasparin l'invention du mot « zootechnie », qu'il employa pour la première fois en 1844, dans son *Cours d'agriculture*.

Jusqu'alors, les cycles de l'animal et du végétal allaient de pair. « Sans engrais point de récoltes, sans bestiaux pas d'engrais dont l'effet soit prompt ; sans prairies point de bestiaux ; tout est lié en agriculture ; son système doit être complet », rappelait un manuel d'instruction publié sous la Convention nationale, en 1794. Cette conception fut abandonnée par Adrien de Gasparin cinquante ans plus tard : il affirmait qu'il fallait dissocier l'élevage animal de la culture végétale.

Dès 1848, la zootechnie devint une discipline d'enseignement, avec une première chaire à l'Institut agronomique de Versailles. De très nombreux traités seront publiés par la suite. Celui d'André Sanson, en 1907, demeurera longtemps la référence, faisant de lui l'un des plus grands zootechniciens. André Sanson examinait les bêtes de concours et les suivait jusqu'à l'étal du boucher. De l'observation de 200 bovins de différentes races, il rapporta des notes précises et méthodiques. Travaillant à la compréhension de leur masse corporelle, il constata que les animaux les plus remarquables par leur poids avaient les poumons les moins volumineux. Considérés comme supérieurs car plus charnus et plus fournis en viande, ils présentaient une moindre capacité respiratoire. Sanson avait repéré les ancêtres des vaches de l'industrie d'aujourd'hui : élevées en bâtiment, elles ne font pas d'exercice et n'ont donc pas besoin d'un système respiratoire particulièrement performant.

La quête d'André Sanson s'inscrivait dans la foulée des Lumières, le triomphe de la raison poussant la zootechnnie dans une logique purement utilitariste. La connaissance savante prit le pas sur les savoirs populaires qualifiés d'obscurantistes. Côtes, cuisses, poitrail, flanc des vaches : l'ingéniosité humaine dut dès lors pousser l'animal dans son rendement. Sanson et après lui les zootechniciens du XXe siècle considéraient l'animal domestique comme une machine vivante et thermodynamique, dotée de mécanismes d'autorégulation qui transformaient des aliments végétaux en protéines animales. « Bien sûr, les scientifiques savent que l'animal n'est pas une machine. Ils la comparent à une machine, parce que telle est sa fonction », explique aujourd'hui Jocelyne Porcher.

Dans leurs laboratoires, les zootechniciens ne se contentèrent pas de comptabiliser les flux d'énergie, ils démontèrent la mécanique, et détaillèrent les dispositifs de contrôle du métabolisme, de la croissance et de la reproduction. Embryologie, nutrition, endocrinologie, gastro-entérologie étaient quelques-unes des disciplines biologiques mobilisées pour ajuster les besoins physiologiques des animaux aux performances que l'on attendait d'eux. Leurs expériences se déroulaient simultanément aux découvertes de l'industrie chimique. Au début des années 1920, aux États-Unis, une agricultrice de la côte Est, Celia Steele, commanda 50 poussins pour produire des œufs ; par erreur, elle en reçut 500[9]. Elle ne se découragea pas et les garda. Huit ans plus tard, elle élevait dans un hangar plus de 20 000 poulets en même temps[10]. Aujourd'hui encore, Celia Steele est connue dans le pays comme la pionnière de l'industrie commerciale du poulet.

À quoi tient la *success story* ? À l'addition des vitamines A et D au régime alimentaire des animaux. Les principales vitamines de synthèse, mises au point entre 1915 et 1930 aux États-Unis, permirent en effet aux volatiles de survivre sans lumière du jour et sans exercice. Néanmoins, aux débuts de l'élevage intensif, de nombreuses complications restaient à résoudre : problèmes respiratoires chez les volailles et les cochons, infections du pis chez les vaches, septicémie chez les veaux… Grâce aux progrès de l'industrie chimique, la mortalité allait diminuer. En 1928, la première substance antibiotique fut découverte. Trente ans plus tard, aux États-Unis, l'industrie animale en pleine expansion devenait la principale cliente des antibiotiques.

Du paysan en sabots à l'exploitant agricole

Le passage d'une agriculture paysanne, alors dominante, à l'industrie fut véritablement coordonné après la Seconde Guerre mondiale. La « révolution de l'élevage », amorcée par une démarche scientifique, se concrétisa par des choix politiques déterminés. En Europe, les États déclenchèrent une large transformation qui poussait les agriculteurs à « entreprendre ». Les populations avaient connu la faim, il fallait produire. Un agriculteur, partisan de la modernisation, raconte. Il s'appelle Michel Debatisse, il s'est engagé dans la Jeunesse agricole chrétienne après la guerre, et reprend l'histoire depuis ses débuts. Il parle d'un paysan qu'il a connu. « En 1945, Germain vit sur huit hectares. Il est marié, il a quelques cochons, une basse-cour, six vaches. Elles font deux mille litres de lait par an[11]. » De quoi vivre, guère plus, nous dit Michel Debatisse.

On peut s'en douter : chez Germain, le sol était en terre battue. Le midi, il mangeait des patates. Le soir, aussi. Le dimanche, il allait au bourg vendre les surplus et, sur le chemin du retour, il entendait le cliquetis de quelques sous dans sa poche qui accompagnait le pas des sabots. Comme presque tous les jeunes cultivateurs que comptait la France, il croyait au progrès. Bientôt il ne voulut plus être le paysan qui faisait sourire ses semblables, mais « l'exploitant agricole ». Le gouvernement bâtit ce statut nouveau par des lois qui changeaient le visage de la campagne. Le ministre de l'Agriculture de Charles de Gaulle, Edgard Pisani, voulut en finir avec l'image d'un paysan en marge de la société. Il fallait moderniser.

À son initiative, les lois d'orientation de 1960 et 1962 favorisèrent le réagencement du domaine foncier, par un « remembrement » national. Le principe était simple : il s'agissait de regrouper les parcelles pour permettre aux agriculteurs de cultiver des champs plus grands. L'État facilitait les échanges de terre entre voisins, la terre devenait un capital dont il s'agissait d'organiser la distribution pour augmenter la productivité du travail. Les haies entre deux champs furent arrachées pour n'en faire qu'un. Des kilomètres de talus furent aplatis. Des officiers publics se voyant chargés de faire combler les fossés. L'objectif : rendre le sol praticable pour un tracteur. Dans cette marche en avant, les petits cultivateurs n'étaient pas considérés. La politique agricole volontariste menée par la Ve République s'opérait par sélection des paysans. Pour obtenir le statut d'agriculteur et les prêts au Crédit agricole créé par l'État, une « surface minimale d'installation » de 15,40 hectares était requise.

Germain les atteignit à la fin des années 1960. Ses cousins et ses frères étaient partis travailler à l'usine. Les industries du fer, du charbon, de l'automobile réclamant des bras, ils libéraient ainsi du foncier pour la famille restée aux champs. Avec deux gros bidons d'essence installés à l'arrière du tracteur, Germain fit son semis de printemps. Il vérifia qu'il traçait un sillon droit. C'était la première fois et il avait le cœur battant. Il avait vendu son cheval, obtenu un emprunt et s'était acheté un Pony, le tracteur le plus répandu en France dans les années 1950. Pourquoi un tracteur ? « Germain prévoit un accroissement de son troupeau de vaches, nous dit Debatisse, qui va avoir besoin d'orge, de maïs, de blé, de colza, s'il veut améliorer le rendement en lait des animaux. » Le fils aîné de Germain, Jean, a 14 ans. Après l'agrandissement des champs, la création d'un système de formation générale et agricole fut la deuxième grande réforme. Il apprend la zootechnie et découvre dans son manuel les croquis d'André Sanson ; ainsi Jean va à l'école.

Sans fatalisme passéiste, car « nous ne pouvions vivre repliés sur nous-mêmes », les agriculteurs peu à peu changeaient. Michel Debatisse parlait d'adaptation, de création d'une agriculture d'entreprise, de ténacité et d'audace. « Pour avancer dans ce monde, il ne fallait pas avoir peur. » Ils étaient aidés par une Europe naissante. En 1962, la Politique agricole commune (PAC) des Six ambitionnait de développer la production pour mettre fin à la dépendance alimentaire extérieure. Les aides étaient favorables à ceux qui avaient les plus grands troupeaux : le versement était proportionnel au nombre de « têtes de bétail » et sans plafond.

Dans les années 1980, Germain et sa famille vivent mieux que quarante ans auparavant. Jean s'occupe de leurs 47 vaches, le père a loué de nouvelles terres. « Au prix d'efforts et de risques, Germain a évolué comme le pays tout entier. Il dispose d'une voiture, d'une télévision, d'une machine à laver et d'un congélateur. »

Mais son enrichissement réel, dit Debatisse, c'est la deuxième maison qu'il a fait construire à côté de la ferme. « Plus pour son fils que pour lui-même : le maintien de Jean sur l'exploitation en dépendait. » Toutes les générations ne vivent plus sous le même toit.

La Chine, elle aussi convertie à l'élevage industriel

Si la paysannerie s'engouffrait avec espoir dans l'industrie, rien n'indiquait *a priori* le succès de ce mode de production. Il exigeait des intermédiaires capables de vendre des produits beaucoup plus nombreux, sur un marché bien plus étendu. Les nouveaux élevages industriels entraînaient ainsi un développement de l'industrie alimentaire, qui devait satisfaire les besoins d'une nouvelle population urbanisée, vivant de plus en plus loin des lieux de production. Les coopératives, fondées par les agriculteurs, se multiplièrent, bénéficiant d'un régime fiscal particulier. Elles collectaient la production et la revendaient à l'échelle nationale ou mondiale. Elles atteignirent un chiffre d'affaires global de 3,1 milliards d'euros en 1965 ; sept ans plus tard, il avait plus que doublé[12].

Cette expansion s'opéra de manière plus tardive dans un pays comme la Chine, qui rompit avec l'isolement paysan à partir de l'arrivée au pouvoir de Jiang Zemin, en 1993. Le président s'employa à transformer un territoire à forte empreinte rurale. Pour reconfigurer l'économie, le gouvernement central invita de jeunes entreprises prometteuses au siège du Parti communiste chinois. Les « Têtes de Dragons », comme les nommait le Parti, étaient les agents de l'industrialisation, chargées d'aider au remplacement des petites fermes par de plus grandes unités. Elles achetaient au producteur et redistribuaient dans des grands hypermarchés régionaux, nationaux et internationaux. Désenclaver, collecter, transporter, les Têtes de Dragons ont été de plus en plus nombreuses et imposantes, elles vendent aujourd'hui par millions de tonnes. Elles ont un statut spécial dans l'économie chinoise : des aides publiques leur sont accordées chaque année. Autre avantage, un régime fiscal sur mesure : aucune taxe à l'export, aucune taxe sur le revenu.

Gaojin Food Company est l'un des 110 000 Dragons que compte la Chine. Fondé en 2002, dans la province du Sichuan, le puissant vendeur de viande pourrait être comparé à Charal, en France. Avec une différence : il contrôle toute la chaîne, de la production à la distribution, pas seulement sa partie commerciale. Les éleveurs ne sont pas ses salariés, ils demeurent indépendants mais ils signent avec lui un contrat d'exclusivité. Ils vendent à Gaojin toute leur production, et ils élèvent leurs animaux selon le cahier des charges de Gaojin qui inclut par exemple la race, les rations de nourriture et les soins dispensés. On dit que les éleveurs sont « intégrés » par Gaojin, dans ce modèle d'intégration verticale qui fait la force des Têtes de Dragons. Sa logique marque l'essor de l'agrobusiness, un nouveau terme désignant la maîtrise de l'aval de la chaîne de valeur – traitement, conditionnement et vente –, où s'est déplacée la plus-value, la production en amont n'en conservant qu'une portion congrue.

En 2011, les Têtes de Dragons vendaient 70 % de la viande produite en Chine[13]. Aujourd'hui pour décrocher le statut de Tête de Dragon, une entreprise de l'est de la Chine doit dépasser 150 millions de yuans – 22 millions d'euros – de chiffre d'affaires annuel. Elle doit intégrer au minimum 4 000 éleveurs[14]. Les critères du gouvernement laissent place à une course où seuls les plus gros sont récompensés.

Une recherche insensible à la souffrance animale

Poussée par le pouvoir politique, l'industrie agricole a gagné de plus en plus de partisans dans les campagnes. Dans les années 2000, les États-Unis de George W. Bush étaient toujours le premier exportateur agricole au monde. À la pointe de la recherche publique, se trouve le Meat Animal Research Center du Nebraska, piloté par l'US Departement of Agriculture (USDA), l'équivalent américain de notre ministère de l'Agriculture. Autour des laboratoires de l'institut, des prairies s'étendent jusqu'aux barrières de sécurité qui entourent l'enceinte.

Le journaliste Michael Moss a rapporté dans le *New York Times*[15] des expériences menées. Par exemple, à la naissance, les agneaux étaient laissés seuls dans les champs. Séparés de leur mère, sans nourriture, 30 à 40 % mouraient dans les premiers jours, les survivants étant sélectionnés pour devenir les reproducteurs d'une nouvelle race de moutons « *Easy care* ». Autre expérience : dans une partie du laboratoire à laquelle seuls quelques vétérinaires pouvaient accéder, les brebis recevaient des injections de testostérone. Avec un taux d'hormones dans le sang anormalement accru, les agneaux naissaient avec les parties génitales déformées, rendant l'urination difficile.

Tentatives, erreurs. L'histoire de la performance des bêtes n'est pas une ligne toute droite. La conviction de leur nécessaire amélioration a conduit à une mosaïque de pratiques, les héritiers des zootechniques cherchant sans relâche à optimiser les rendements.

Michael Moss fut le premier à enquêter sur le Meat Animal Research Center et à décrire les procédures scientifiques qui y étaient pilotées. Celle des veaux jumeaux est un autre exemple. Elle reposait sur un constat : « Un simple poisson génère dans sa vie une descendance qui fait cent fois son poids. Une vache n'arrive pas à sept dixièmes. » Elle a en général un veau à la fois. Extrayant ovule et sperme chez deux géniteurs ayant plus de jumeaux que la moyenne, les scientifiques placèrent l'ovule fécondé chez une vache. Neuf mois plus tard, des jumeaux naissaient. Les chercheurs renouvelèrent l'opération et, après quelques années, un troupeau de vaches fut constitué. Au lieu de trois paires habituelles pour cent naissances, elles mettaient bas de jumeaux dans 55 % des cas. Un excellent résultat. Les scientifiques relevèrent pourtant des problèmes chez les bébés. Dans les couples de jumeaux femelle-mâle, 95 % des femelles avaient le vagin malformé à la naissance. De nombreux jumeaux venaient au monde avec les pattes emmêlées les unes dans les autres, difficiles à séparer.

L'ensemble des jumeaux présentait une espérance de vie quatre fois inférieure à la moyenne.

Quand l'enquête de Michael Moss parut, en 2015, le Meat Animal Research Center démentit les informations. Son directeur les jugea inexactes mais refusa de prendre la parole publiquement. Un ancien chercheur du laboratoire accepta de parler à visage découvert. Le docteur Keen occupe aujourd'hui un poste à l'université du Nebraska, avant cela, il avait travaillé en tant que chercheur vétérinaire pendant vingt-quatre ans au Meat Animal Research Center. Protocoles d'expérience, résultats d'études, échanges de courriels à l'appui, il confirme les faits.

2. Quand l'agro-industrie suscite des maladies

Les animaux sauvages jouent un rôle important dans la diffusion des microbes. L'Organisation mondiale de la santé animale (créée sous le nom d'Office international des épizooties, dont elle conserve l'acronyme, OIE) répertorie la faune sauvage comme premier facteur des maladies infectieuses dans le monde. Michel Thibier, qui travaille en tant qu'expert scientifique dans l'organisation, annonce ainsi : « La source majeure en cause dans la propagation des maladies émergentes, tout le monde s'accorde pour le démontrer, c'est la faune sauvage[1]. »

Il a raison. On le sait, le Sida vient du singe, Ebola de la chauve-souris, le virus du SRAS également. Chez les animaux d'élevage, cela se vérifie aussi. Une épidémie, dans les années 1990, marqua les consciences en Asie et confirma cette théorie. Nous sommes en 1998, le professeur Kaw Bing Chua restait tard à la paillasse de son laboratoire. Au département de virologie de l'université de Malaisie de Kuala Lumpur, une équation le tenait éveillé. Il cherchait à comprendre. Dans sa tête, Kaw Bing Chua reconstitua l'histoire. Dans un village du centre de la Malaisie, s'était propagé un virus meurtrier. Les humains étaient atteints en nombre : une personne contaminée sur deux n'en revenait pas. Le foyer progressait vers le sud de la Malaisie. Quelle était l'origine de la perturbation ? Comment était-elle arrivée là ?

Kaw Bing Chua pensa d'abord à un moustique. Il relut le rapport des médecins. « Les patients présentent de la fièvre, après vingt-quatre heures un état de somnolence, de désorientation et de confusion mentale. » Les symptômes ressemblaient à ceux de l'encéphalite japonaise, un virus qui fait dégénérer le cerveau après une piqûre de moustique. L'analyse du liquide cérébral donna un autre résultat. Le virus était inconnu de la littérature scientifique, comprit alors Kaw Bing Chua. Des chercheurs du monde entier venaient dans le village de Nipah, où il avait été découvert, pour saisir les conditions de son émergence. Lorsqu'il s'y rendit, avec masque et gants, Kaw Bing Chua apprit que la majorité des victimes avaient eu un contact avec les cochons, et qu'aucun musulman n'avait été touché.

Dans le même temps, une mauvaise toux s'était développée chez le cochon. Peu dangereuse, puisque seul 1 % des animaux en périssaient. Un million de porcs furent pourtant abattus, quand fut établi le diagnostic d'un seul agent infectieux commun. On lui donna le nom de Nipah. À la lisière d'un élevage, Kaw Bing Chua observa des chauves-souris, dans une plantation de manguiers. Il préleva plusieurs échantillons d'urine des chiroptères. De retour au laboratoire, il fit des analyses, toutes concordaient. Les chauves-souris transportaient bel et bien le virus Nipah.

Il reprit son enquête : sous les manguiers, des cochons. Près des cochons, des hommes. Les déjections des chauves-souris pourraient avoir contaminé les animaux. L'hypothèse, validée par la communauté scientifique, allait plus loin. Les chauves-souris se rapprochaient pour la première fois des fermes et des habitats humains, car leur habitat était mis en danger.

La population d'*Homo sapiens* excède de très loin celle de tous les grands mammifères ayant jamais sillonné la planète. Déforestation, plantation de cultures, urbanisation : la destruction rapide de l'environnement naturel des chauves-souris a causé un stress dans leur population et entraîné leur migration. Frugivores, elles s'installèrent dans les cultures de mangues. Sans développer de signes manifestes d'inflammation, les chauves-souris coexistaient avec l'agent Nipah et de nombreux autres virus comme les coronavirus. L'habitude, dans cette espèce, d'attroupements énormes – par millions d'individus – facilitait leur diffusion.

Selon le Global Virome Project, un groupe de scientifiques spécialisé dans la recherche de la diversité virale inconnue, la forêt primaire abriterait encore 1,7 million de virus différents. Si l'homme continue à la détruire, nous pourrions aller de crise sanitaire en crise sanitaire. Selon une estimation récente, 15 % des maladies infectieuses[2] émergent de virus associés à la destruction des forêts. Un monde sauvage vierge d'hommes nous protège. Mais si la préservation d'espaces naturels à distance de l'environnement humain permet de limiter les transmissions, l'émergence de virus reste cependant inévitable. Ce que l'on pourrait éviter, selon l'enquêtrice américaine Sonia Shah qui a écrit le livre *Pandemic* (éd. Sarah Chrichton Books, 2016), ce sont les épidémies. Elle raconte la propagation du virus Nipah dans des méga-fermes. Certaines comptent 30 000 cochons[3]. Dans la Malaisie des années 1990, l'élevage a connu un boom, il est devenu trois fois plus important en nombre d'animaux que vingt ans plus tôt[4].

Un élevage concentré de virus

Avec ces animaux concentrés en un espace confiné, on accroît la possibilité de contagion. Pour mesurer ce risque, les épidémiologistes ont identifié un paramètre épidémiologique : le taux de transmission de base, ou R_O. L'épidémie de Covid-19 a permis de faire connaître largement cet indicateur, qui sert à évaluer le nombre moyen de personnes qu'un humain contagieux pourrait infecter, tout comme le nombre moyen d'animaux qu'un animal contagieux pourrait infecter. L'indicateur se calcule à partir de trois facteurs : la transmissibilité de la maladie, la durée de la période contagieuse, et le nombre possible de contacts directs pour chaque individu. Dans l'élevage intensif, la forte densité fait augmenter le R_0. Prenons un cochon contaminé qui en moyenne en contamine dix autres autour de lui, ces dix autres en contaminent cent, qui contaminent déjà un tiers du troupeau de 30 000 têtes ; en quelques heures tous les cochons sont atteints. Quel que soit le mode de transmission, les parasites prolifèrent, dans l'eau, dans la nourriture, dans l'air, dans les excréments ou la salive.

Dans des fermes surpeuplées d'animaux, la contagion s'accélère donc et la mutation des virus, aussi. Des scientifiques de l'Agence nationale des instituts de santé publique des États-Unis (Centers for disease control and prevention, CDC) expliquaient en 2006 : « Parce que les élevages fortement concentrés ont tendance à rassembler d'importants groupes d'animaux sur une petite surface, ils facilitent la transmission et le mélange des virus[5]. » Les recombinaisons entre virus deviennent plus fréquentes, et, par conséquent, la probabilité de voir apparaître de nouvelles formes hautement pathogènes augmente.

Plus les animaux sont compactés, plus ils sont sous pression, et moins leurs défenses immunitaires sont efficaces. Dans un élevage confiné, c'est également le stress qui rend malades les animaux. Une équipe d'immunologistes de l'université de São Paulo a montré que, chez les poulets, le taux d'immunoglobuline G

– qui représente 75 % à 80 % des anticorps circulant dans le sang – diminue en élevage surpeuplé. Pendant quarante-deux jours, les chercheurs ont élevé deux groupes de poulets dans des conditions égales, avec une différence : dans le premier groupe, la densité était de dix poulets par mètre carré, dans le second, de seize poulets par mètre carré. Ces derniers ont révélé un taux d'immunoglobuline G 34 % moins élevé que ceux du premier groupe[6]. Les résultats de l'étude indiquent que le stress du surpeuplement affaiblit la qualité de la barrière immunitaire.

L'autrice Sonia Shah a développé l'idée que le Nipah et d'autres maladies infectieuses récentes ne sont pas des événements isolés, mais que leurs effets spectaculaires ont des circonstances communes. Elle a réuni les morceaux du puzzle. D'un pays à l'autre, d'un continent à l'autre, on peut suivre aujourd'hui en temps réel, grâce aux moyens de communication modernes, la course d'un agent pathogène de 28 nanomètres. « Il fut un temps où les forces qui déchaînaient les épidémies demeuraient obscures. Les peuples traversaient le choléra sans savoir ni pourquoi ni comment [...]. Aujourd'hui, le trajet multi-étapes d'un microbe [...] est nu et à la vue de tous[7]. » Pangolin, chauve-souris, serpent... Qui transporte les virus ? Il est primordial de le savoir. Mais cela ne suffit pas. Car incriminer la faune sauvage ne donne qu'une explication partielle de la réalité.

L'industrie agricole a créé un nid douillet pour les pathogènes. Des animaux concentrés et nombreux, mais aussi tous semblables, favorisent la progression d'un virus. Au contraire, lorsqu'un milieu est riche en espèces, le virus rencontre des impasses épidémiologiques : des hôtes non compétents pour sa transmission ralentissent ou empêchent sa multiplication. Les scientifiques parlent d'un « effet de dilution ». Les mécanismes de ce concept sont faciles à saisir. Chaque espèce a son génotype et tous les génotypes ne réagissent pas de la même façon à un microbe : certains y sont sensibles, d'autres ont une réaction neutre, d'autres encore y sont insensibles. Des épidémiologistes de l'université d'Édimbourg ont ainsi comparé le risque d'épidémie dans une population génétiquement identique et dans une population génétiquement hétérogène. L'étude a montré qu'une plus grande variabilité génétique accroît la probabilité d'une épidémie mineure et diminue celle d'une épidémie majeure. L'homogénéité, à l'inverse, augmente le risque d'une épidémie majeure et diminue celui d'épidémie mineure[8]. Autrement dit, une maladie virale aura plus de difficulté à balayer les troupeaux dans un contexte de forte variabilité génétique, qu'au sein d'une monorace d'élevage industriel partageant un seul et unique code génétique. Si elle décrypte ce code, elle peut se répliquer et ainsi produire des milliers de copies de son ADN.

Des protéines animales pour tous

Un microbe – le mot signifie « petite vie » – est un organisme vivant, que l'on ne peut pas voir à l'œil nu. Il en existe différents types, bactérie, levure, virus, champignon, prion. Les microbes se nourrissent de substances produites par un autre être vivant. Certains de ces très petits organismes sont biogènes, c'est-à-dire qu'ils sont bénéfiques pour l'homme. Nous ne pourrions pas survivre sans nombre d'entre eux. Le corps humain, par exemple, abrite 38 000 milliards de bactéries, environ dix fois plus que de cellules. D'autres microbes sont pathogènes, l'intensité de ce pouvoir pathogène caractérisant leur virulence. La virulence d'un virus létal est facilement mesurable, mais celle des pathogènes à effets sous-létaux est plus complexe à évaluer.

Les microbes à l'origine des épidémies sont plus ou moins virulents. Les termes « épidémie » et « pandémie » sont génériques, ils s'appliquent aussi bien aux maladies des hommes qu'à celles du bétail. Lorsqu'une maladie se propage chez les animaux uniquement, on peut aussi parler d'épizootie, à l'échelle d'une région ou de plusieurs pays ; ou de panzootie à l'échelle de plusieurs continents.

En plus de favoriser une concentration fortement propice aux pathogènes, l'agro-industrie fournit aux animaux des aliments qui peuvent être à l'origine de contaminations. L'épidémie de la vache folle, qui a si fortement impressionné les Européens durant les années 1990, en témoigne. À la télévision britannique, le 16 mai 1990, le ministre de l'Agriculture de l'époque, John Gummer, apparut avec sa fille de 4 ans. La petite Cordella mangeait un hamburger. Son père était confiant, il rassura les Britanniques : « Nous ne prenons aucun risque », articula-t-il face à la caméra, en costume-cravate entre deux bouchées. « Il n'y a pas de raison d'être inquiet à cause de la viande britannique. » Mais le repas du ministre n'a guère convaincu. Et l'on a commencé à parler de la « maladie de la vache folle ». Pouvait-elle se transmettre aux humains ?

Tout était parti d'un étrange symptôme découvert durant les années 1980 en Angleterre. Dans les étables britanniques, les vaches tremblaient. D'une maladie méconnue, l'encéphalite spongiforme bovine (ESB). Perte de poids, baisse de lait, hyperexcitation et coups de pied étaient les premiers symptômes. La démarche de la bête devenait hésitante, venaient ensuite des chutes répétées, puis l'animal ne pouvait plus se relever. La durée de l'évolution variait de six à huit semaines en moyenne, jusqu'à la mort naturelle, ou l'euthanasie. Détectée en 1986 en Angleterre, la maladie causa un profond malaise. Le nombre de ses victimes ne cessait de croître. En 1987, une première alerte discrète paraissait dans *The Veterinary Record*. Les scientifiques Gerald Wells et Raymond Bradley du laboratoire vétérinaire du secrétariat britannique de l'Agriculture, signalaient des cas d'ESB apparus chez les bovins. Plusieurs troupeaux étaient touchés, dans toute l'Angleterre.

En 1988, le gouvernement britannique exigea la déclaration obligatoire de tout cas d'ESB. Cinq ans plus tard, on en comptait 800 par semaine, quatre fois plus que quatre ans auparavant. Une recherche minutieuse dans la littérature médicale antérieure aux années 1990 ne donnait la mémoire d'aucun événement similaire. Sous-estimait-on le potentiel de développement de la maladie ? Existait-il un remède pour s'en débarrasser ?

L'histoire de la vache folle est une histoire de progrès zootechnique. Elle est liée au développement de l'industrie de la viande industrielle : à l'origine de l'infection se trouvaient des farines faites à partir d'os, cervelle, intestins, appelées « farines animales », servant à énergiser l'alimentation du bétail. Quand l'opinion apprit avec quoi les vaches étaient nourries, sa stupéfaction fut grande.

Il faut revenir sur la fabrication des farines animales et son fondement pour comprendre comment les vaches ont été contaminées. Pour mettre au point ce supplément protéique destiné à nourrir le bétail, tous les sous-produits de l'abattoir – ceux qui ne servaient pas à l'alimentation humaine – étaient utilisés. Ils étaient broyés et chauffés à haute température (plus de 110 degrés C), afin d'assainir la préparation. Dans les années 1980, pour diminuer le montant de leur facture, les fabricants adoptèrent une stérilisation à plus basse température. Désormais, les abats étaient cuits à 60 degrés. Les industriels l'ignoraient, mais cette nouvelle recette était toxique. Elle permettait à un agent infectieux, appelé prion, de survivre, car il pouvait supporter la chaleur jusqu'à 90 degrés.

Le prion est une simple protéine, naturellement présente chez de nombreux organismes vivants. Comment pouvait-elle disposer d'un pouvoir infectant similaire à celui d'un virus ? Vice-président du Comité français des experts sur les maladies à prions, le professeur Marc Savey reconnaissait au début des années 1990 : « Nous sommes à l'évidence très en retard dans l'étude de ce champ de la biologie et de la pathologie. » Les recherches se poursuivirent intensément, et un laboratoire états-unien découvrit finalement l'agent de la maladie. À l'autopsie, le cerveau des vaches apparaissait criblé de petits trous, évoquant une éponge. D'où le terme d'encéphalite « spongiforme » pour désigner la maladie. C'est la détérioration progressive des cellules nerveuses par le prion qui entraîne la démence. Il s'accumule dans le cerveau, et devient indestructible. En 1997, le physiologiste américain Stanley Prusiner reçut le prix Nobel pour avoir découvert le prion responsable de l'ESB. La même année, on comptait 31 Britanniques officiellement touchés. C'est en 1997 également qu'une étude scientifique prouva la transmissibilité du prion de la vache à l'homme par l'ingestion de viande.

Jeanne Brugères-Picoux a suivi attentivement l'affaire de la vache folle. Elle vit au sud-est de Paris, à côté de l'école vétérinaire de Maisons-Alfort où elle a longtemps enseigné. La chercheuse en médecine vétérinaire est aujourd'hui retraitée. À 77 ans, elle raconte qu'elle a d'abord été considérée comme une dangereuse alarmiste, car elle avait soutenu dès le début des années 1990 que la vache folle menaçait notre cheptel bovin et qu'il existait un risque de contamination pour l'homme. Au sujet des farines animales, elle rappelle que le chauffage à basse température a été propre à l'Angleterre. « Mais nous en avons importé en très grande quantité[9] », ce qui explique que des cas soient apparus en France. Sur les 223 humains morts pour avoir mangé un morceau de viande contaminée, 177 sont britanniques, 27 français. « L'épidémie s'est résorbée dès l'interdiction des farines de viande, dit la chercheuse, mais progressivement, du fait de la longueur de l'incubation asymptomatique, c'est-à-dire sans signe clinique ». Un temps d'incubation de l'encéphalite qui peut durer, chez la vache ou chez l'homme, jusqu'à dix ans.

Les conséquences de l'épidémie de la vache folle ont été importantes en pertes humaines et désastreuses pour la filière bovine anglaise. Ian Johnson, responsable du syndicat de la National Farmers Union (NFU), résuma la situation : « C'est pour nous la plus grande crise économique depuis la dépression de 1870[10]. »

En tout, un million de vaches ont été abattues Outre-Manche. À l'origine de ce drame, il y avait la volonté de pousser la production à l'extrême, grâce à des protéines animales qui « accélèrent nettement le rythme de digestion chez la vache », explique Jeanne Brugères-Picoux. Or, comme tout ruminant, la vache est faite pour ruminer, et cette rumination lui prend du temps. Elle broute des végétaux puis va se coucher au calme et remâche les aliments pour mieux les dégrader dans sa panse. Les produits de cette première digestion lui permettent de former les protéines dont son organisme a besoin. Mais des zootechniciens trouvaient que cette rumination mettait trop de temps à transformer les aliments en lait, il fallait que la vache aille plus vite. Alors, on lui donna des protéines directement dans des aliments concentrés. En tentant de transformer les bovins en carnivores, les expérimentations de l'industrie avaient rendu les vaches folles.

Le gouvernement britannique n'a pas caché ni minimisé le rôle des farines animales à l'origine de l'épidémie. Son erreur a été de supposer, à partir des années 1980 et jusqu'à ce que l'inverse soit révélé par la science en 1997, que l'agent infectieux ne sauterait pas la « barrière des espèces », en passant de la vache à l'homme. Le concept de « barrière des espèces » fait référence à l'existence d'un cheptel de microbes propre à chaque espèce. La barrière est franchie lorsqu'un agent pathogène s'adapte à la cellule d'un organisme hôte qu'on ne lui connaissait pas.

Les responsables politiques tirèrent des conclusions variables de l'épidémie de la vache folle. Selon Bärbel Höhn, la ministre Verte de l'Agriculture de Rhénanie-du-Nord-Westphalie en 2001, « la crise de la vache folle doit être, pour l'agriculture industrielle, ce que Tchernobyl a été pour l'industrie nucléaire : le début de la fin ». Mais si l'Union européenne a interdit en 2001 l'ajout de produits à base d'animaux dans la ration alimentaire, elle l'a autorisé de nouveau quatre ans plus tard chez les cochons et les volailles, sous la pression de l'industrie agro-alimentaire.

Depuis le début du siècle, les phénomènes épidémiques se multiplient. Entre avril 2013 et juin 2014, une violente épidémie de diarrhée épidémique porcine frappa les États-Unis, cette maladie à coronavirus, non transmissible à l'homme, fut à l'origine de la mort de plusieurs millions de cochons. En juin 2014, on comptait, dans trente États fédéraux, 7 000 porcheries industrielles touchées par l'épizootie. Elle se propagea ensuite au Canada dans une centaine de fermes.

Plusieurs études scientifiques ont montré que l'utilisation du plasma du porc (la partie liquide du sang de cochon) favorise, dans un cheptel, la diarrhée épidémique porcine. Sous-produit peu connu du grand public, le plasma du porc, lorsqu'il ne sert pas à fabriquer du boudin ou en tant que liant dans les charcuteries, est vendu sous forme de poudre aux agriculteurs comme complément protéiné pour nourrir les cochons. Cet aliment hyperénergétique accélère la croissance.

Après l'épidémie sur le continent américain, l'Union européenne a imposé à tous les fabricants de plasma de chauffer leurs produits à 80 degrés. Mais le règlement ne précise pas la durée minimale de cuisson. La possibilité de transmission du virus par le plasma du porc persiste[11], peut-on lire dans le rapport sur l'agent responsable de la diarrhée épidémique porcine, publié en juillet 2014 par l'ANSES (Agence nationale de sécurité sanitaire de l'alimentation, de l'environnement et du travail). Si l'épidémie de vache folle est bel et bien terminée, les logiques qui l'ont enfantée n'ont, elles, pas disparu.

« La menace la plus urgente » pesant sur la santé mondiale

L'alimentation du bétail dans un système agricole productiviste, on le voit, peut donc faciliter la propagation des pathogènes. L'utilisation intensive de médicaments, un trait dominant de l'industrie de l'élevage, constitue une autre raison de l'émergence de pathologies infectieuses.

Pour un porcelet, l'âge normal du sevrage se situe autour de 2 mois et demi. Dans l'industrie, il est sevré à 3 semaines en moyenne. La rupture précoce que constitue ce changement drastique d'alimentation cause un stress au moment où le système digestif et les défenses immunitaires du porcelet ne sont pas arrivés à maturité. Exposés à de nouveaux agents pathogènes, les jeunes animaux développent des diarrhées aiguës qui peuvent être mortelles. Pour éviter cela, des antibiotiques sont ajoutés à la ration alimentaire. Dans l'élevage industriel, les antibiotiques ne servent ainsi pas tant à guérir qu'à prévenir les maladies. Dans certains pays comme les États-Unis, ils font même partie de l'alimentation quotidienne des animaux, car pour des raisons qui demeurent peu comprises, les antibiotiques stimulent la croissance des bêtes. Dans le monde, 70 % des antibiotiques utilisés au total sont consommés par les animaux d'élevage[12]. En France, ce chiffre atteint 38 %, selon l'ANSES.

Mais leur utilisation excessive n'est pas sans conséquences. L'antibiotique est un médicament qui détruit les bactéries. Elles vivent sur Terre depuis plusieurs milliards d'années et peuvent évoluer et s'adapter à un rythme très rapide. Elles se reproduisent par un processus appelé scissiparité, chaque cellule bactérienne se divisant en deux cellules identiques. Une bactérie se divisant en moyenne en trente minutes, elle peut produire 300 milliards de cellules en vingt-quatre heures[13]. La sélection naturelle oriente cette rapide multiplication : les bactéries les plus adaptées à un milieu donné prolifèrent. En présence d'un antibiotique, les bactéries résistantes à celui-ci survivent en plus grand nombre et se reproduisent. Ainsi, un antibiotique crée une forte pression de sélection qui entraîne le développement de bactéries capables de lui résister. Ce phénomène est appelé « antibiorésistance ».

Le problème est que la résistance aux antibiotiques acquise par les animaux de l'industrie migre dans l'environnement, dans l'eau que nous buvons, dans les produits animaux que nous mangeons, et se retrouve dans le corps humain. En 2014, le Premier ministre britannique David Cameron a lancé un programme gouvernemental visant à synthétiser les connaissances académiques sur l'antibiorésistance en santé humaine. Dans le rapport final, il apparut que l'immense majorité des 139 études scientifiques recensées faisait état d'un lien entre l'antibiorésistance chez l'humain et la consommation d'antibiotiques par les animaux d'élevage[14].

La méticilline est l'un des antibiotiques les plus utilisés dans l'élevage industriel. Une bactérie résistant à ce médicament, le SARM, s'est fortement développée dans les trente dernières années. Le SARM – *Staphylococcus aureus résistant à la méticilline* – peut provoquer chez les humains une infection de la peau ou une infection urinaire par exemple, et dans certains cas un choc toxique pouvant aboutir à la mort du patient. Car le médicament destiné à soigner l'infection n'est plus efficace contre le SARM. Aux États-Unis, le SARM provoque la mort de 19 000 personnes chaque année[15], soit plus que le Sida.

Le développement de l'antibiorésistance pourrait nous ramener aux temps qui ont précédé la découverte des antibiotiques, avant les années 1930. L'humain vivait alors dans un monde très différent d'aujourd'hui, où l'on mourait fréquemment de pneumonie ou du choléra. Au tournant du XXe siècle, aux États-Unis et en Europe, un décès sur sept était provoqué par la tuberculose.

« Nous observons déjà les signes d'une ère post-antibiotique, avec l'émergence d'infections qui ne peuvent être traitées par aucune classe d'antibiotiques », affirmait ainsi la docteure Mariângela Simão, de l'OMS[16], lors de la soixante-huitième assemblée en 2015 de cette institution. L'OMS annonça alors que la résistance aux antibiotiques était « la menace la plus urgente » pesant sur la santé mondiale. En France, un décret publié en mars 2016 interdit l'usage préventif en élevage d'une cinquantaine d'antibiotiques, dits « critiques » parce que leurs molécules sont utilisées en traitement de dernier recours. Elles ne sont plus autorisées dans les fermes que comme traitement curatif. Mais si aucune politique mondiale à ce propos n'est mise en place à grande échelle, le nombre de décès dus à des maladies infectieuses en 2050 pourrait atteindre 10 millions chaque année, alors qu'aujourd'hui, environ 700 000 personnes meurent déjà d'infections antibiorésistantes[17].

Plus de transports, plus de maladies

En définitive, les techniques visant à améliorer la productivité de l'élevage industriel se révèlent de véritables écoles pour bactéries multirésistantes. Ces conséquences non intentionnelles de l'agro-industrie génèrent des épidémies humaines d'un genre nouveau, qui devraient remettre en cause les fondements de l'élevage intensif. Car celui-ci s'avère pour le moins contre-productif : conçu pour nourrir les hommes, il finit par les tuer.

Une autre voie par laquelle le modèle industriel favorise l'émergence et la ré-émergence des maladies infectieuses est qu'il offre aux agents pathogènes de nouvelles plateformes leur permettant de franchir de longues distances. Les exploitations industrielles sont en effet reliées par des dizaines de flux. La complexification organisationnelle de l'exploitation agricole industrielle est à l'opposé de celle d'une ferme autonome et locale. La terre autour des animaux ne les nourrit pas, puisqu'ils ingèrent des aliments concentrés produits à des centaines de kilomètres de là, tels soja, blé ou maïs. Les compléments dont ils ont besoin pour survivre dans de telles densités ne sont pas les plantes de la ferme, mais sont issus de chaînes logistiques complexes et non locales. Les volumes d'excréments produits sont par ailleurs plus importants que ce que la terre peut absorber. Ils sont déplacés pour être jetés plus loin, et les camions qui collectent les excréments comme ceux qui apportent l'aliment passent de ferme en ferme.

La ferme industrielle est une unité spécialisée, insérée dans une structure éclatée en multiples centres de production, fonctionnant selon une même dynamique. Par exemple, un canard pour le foie gras dans le Sud-Ouest de la France vit dans trois fermes différentes : il naît dans une première, est élevé dans une deuxième, est gavé dans une troisième. Ces déplacements constituent autant de risques de diffuser les pathogènes en dehors de leur foyer si l'une des étapes est contaminée.

Un exemple en est donné avec la fièvre aphteuse. Au sud de l'Angleterre, à Little Warley, en 2001, un fermier devint tristement célèbre. Un jour de février, Bobby Waugh, dont la famille élevait des cochons de père en fils depuis des générations, prit comme chaque matin le chemin de sa porcherie. Son regard s'arrêta sur un animal. Une salive écumeuse sortait de sa bouche. Bizarre. Bobby s'approcha, il vit que le cochon avait des cloques aux pieds. Il le mit à l'écart, le soigna, attendit plusieurs jours, mais l'état de l'animal ne s'améliora pas. Bientôt, d'autres cochons se mirent à saliver abondamment. Il finit par appeler un vétérinaire. Il ne le savait pas, mais sa ferme et le village de Little Warley allaient être classés premier foyer de fièvre aphteuse.

Deux foyers vont suivre, puis dix autres, et un millier d'autres encore. En mai, on en dénombrait 1 600[18]. En trois mois, un million d'animaux furent abattus. Cochons, vaches, moutons, la maladie touchait tous les ongulés de l'île.

L'industrie n'avait pourtant pas créé le virus aphteux. « La fièvre aphteuse existe depuis des siècles[19] ! », s'exclame François Moutou, vétérinaire à la retraite et ancien chargé de recherches à l'ANSES. À la campagne, au XXe siècle, on disait des vaches atteintes qu'elles avaient « la cocotte », raconte-t-il : « à cause des cloques aux sabots qui leur font mal dans cette maladie, elles marchent comme des dames en talons ».

A-t-il diagnostiqué des cas de fièvre aphteuse dans sa carrière ? Quelques-uns. « La maladie dure une semaine, et elle est bénigne : l'animal en guérit très bien. La viande n'est pas contaminée, le virus ne se transmet pas à l'homme. » Dans une ferme paysanne, la fièvre aphteuse est souvent perçue comme une maladie avec laquelle on vit puisqu'elle n'est pas mortelle ; elle entraîne un ralentissement passager de la production. Mais dans l'élevage intensif, on abat l'animal malade parce qu'il représente un capital grevé de charges, et qu'une perte de production même temporaire n'est pas supportable.

Bobby Waugh fut considéré comme l'origine du problème. Il fut interdit d'élevage pendant quinze ans. Les caméras de télévision se pressaient dans sa ferme, braquées sur son visage. « Si ce n'était pas moi, ç'aurait été un autre », dira-t-il plus tard au *Guardian*, avec le sentiment d'avoir été « pris pour bouc émissaire ». Par la suite, une enquête montrera que 70 % des contaminations étaient dues aux déplacements des animaux[20]. « Lorsque les premiers cas ont été détectés en Angleterre, la maladie s'était déjà répandue sur tout le territoire », dit François Moutou. Pourquoi ? En raison d'un manque d'abattoirs, selon des vétérinaires de l'École nationale vétérinaire de Toulouse[21].

Premier pays d'Europe à avoir fait sa révolution de l'élevage, le Royaume-Uni a en effet éliminé tous les petits abattoirs de campagne et concentré l'abattage dans de grandes unités industrielles. En 1971, on comptait encore 1 890 abattoirs, trente ans plus tard, il en restait six fois moins. Résultat, les animaux parcourent des distances jusqu'à six fois plus longues. D'un élevage à l'autre, les camions disséminent le virus aphteux qui, comme le pollen, circule dans l'air. Contrairement à d'autres agents infectieux se transmettant par gouttelettes, un simple courant d'air suffit. Les camions d'abattoirs ont propagé le virus, et l'obligation d'abattre les animaux des foyers infectés a, paradoxalement, contribué à disperser la fièvre.

Dans un système agro-industriel où chaque ferme dépend d'un rayon large de centaines de kilomètres pour s'approvisionner, traiter ses déchets ou abattre, les microbes voyagent beaucoup plus vite que les autorités locales et nationales ne sont capables de réagir. L'une des premières victimes de l'épidémie est la doctrine courante selon laquelle une épidémie peut être facilement endiguée par une réponse rapide du corps vétérinaire et médical. Aussi efficace soit-elle, quelle prise peut-elle avoir sur un système agricole de plus en plus interdépendant ?

En octobre 2001 en Angleterre, après plus de six mois de lutte acharnée, le pays fut officiellement déclaré libre du virus aphteux. Mais les mêmes canaux permettent la circulation d'autres virus : dans les chaînes de production toujours plus longues de l'agro-industrie, où existe un espace unique saturé de flux, le concept de « foyer » est dépassé.

L'élevage de cochons et celui de la volaille sont ceux qui ont connu l'industrialisation la plus rapide de tous les animaux de ferme, ce sont aussi ceux qui connaissent le plus d'épidémies. Dans les élevages industriels, les « déséconomies » d'échelle apparaissent. Les économistes utilisent ce terme pour signifier les inconvénients liés à l'augmentation de la taille de production : en apportant des coûts supplémentaires, elle rend le système plus fragile.

3. La biosécurité, un choix politique caché sous la technique

Dans la région montagneuse de Guigang, à 650 kilomètres à l'ouest de Hong Kong, se dressent huit bâtiments au milieu d'une campagne verdoyante. Cette ferme de cochons à neuf étages par bâtiment, entourée de barrières, n'est accessible qu'en un seul point.

La Guifei Mountain Sow Farm, propriété de la compagnie Yangxiang, élève 28 000 truies. L'objectif de l'entreprise : faire naître des porcelets pour les vendre comme futurs reproducteurs à un grand nombre d'entreprises. Yangxiang, connue à l'origine pour la fabrication de nourriture destinée au bétail, a lancé ses propres élevages à partir des années 2000. Dès 2002, elle a été reconnue comme l'un des leaders de l'industrialisation agricole chinoise. En vingt ans, Yangxiang a multiplié par dix sa capacité de production de porcelets. Elle figure parmi les trente premières entreprises agro-alimentaires en Chine. Mais surtout, cette « ferme » immense est un modèle de biosécurité : autrement dit, tout y est conçu afin d'éviter que les maladies infectieuses puissent y prendre leur source.

Pour entrer dans la ferme de cochons à neuf étages, le journaliste espagnol Javier Lorente a dû suivre comme tous les employés les procédures que la firme a rendues obligatoires. Il n'en est pas à sa première visite de ferme, il a dix-neuf ans d'expérience dans le secteur de la production porcine. La revue professionnelle qui l'emploie s'appelle *3 trois 3* ; basée en Espagne, elle informe sur les techniques d'élevage et les innovations dans la filière du cochon.

Javier n'est encore jamais entré dans ce qui, pour la profession agricole, apparaît comme un exemple à suivre en matière de biosécurité. La Guifei Mountain Sow Farm sert d'élevage de référence. La biosécurité, telle que définie par la FAO, correspond à « la situation idéale dans laquelle des mesures efficaces sont mises en œuvre pour prévenir et contrôler la propagation des virus ».

Les premiers jours, Javier les passe en quarantaine, au siège de l'entreprise. Il est installé dans un petit appartement où des repas lui sont apportés, ses mouvements sont surveillés et il ne peut sortir que pour faire un tour de parking, en bas. À partir du quatrième jour, il se déplace, « uniquement avec les vêtements et les véhicules de la société, conduits par des chauffeurs gérés à 100 % par la société[1] ». Il est déposé, explique-t-il, dans un premier centre de lavage et de désinfection. La pause dure trente minutes. Douche froide, savon, désinfectant. Javier remonte dans un véhicule, et, quelques centaines de mètres plus loin, il doit s'arrêter. « Cette fois pour un deuxième nettoyage et désinfection du véhicule, plus court, sur un temps d'environ dix minutes. »

Il atteint la moitié du parcours quand il redescend de la voiture pour se laver les mains. Il zippe jusqu'au cou une combinaison de protection qui ressemble à un K-way. Une autre voiture l'emmène au grand portail de la « zone interne », fermée par des barrières de deux mètres de haut. « N'y pénètrent que les employés et les camions destinés à charger des animaux ou apporter des matières premières à l'usine d'aliments. » Avant de rentrer dans la zone interne, « chaque personne doit être mise en quarantaine à nouveau pendant deux nuits ». Javier Lorente n'est pas quelqu'un de pressé. Depuis son appartement, il observe les va-et-vient très contrôlés du site. Au matin du sixième jour, Javier est conduit au dernier centre de lavage et de désinfection. Après en être sorti, la visite de la ferme de Yangxiang, accompagnée par plusieurs employés, peut commencer. Elle va durer quelques heures.

« Le noyau central de production, explique Javier, est composé de quatre bâtiments. » Dans un air filtré en permanence et une température constante à 27 degrés, sur le béton, des milliers de porcelets naissent chaque semaine. Il y a environ 1 000 truies par étage. À l'origine du cheptel, plus de 2 000 porcs importés en avion entre 2005 et 2013, des États-Unis et du Danemark. Les truies, isolées dans des cages, n'ont pas de contact entre elles. Un « vide sanitaire », qui consiste à désinfecter entièrement les cages et laisser une période vacante de quelques jours, est réalisé après le départ des animaux et avant d'en accueillir d'autres. Pour éviter l'entrée des véhicules de transport d'aliments dans la zone interne, des tuyaux relient la zone externe à la zone interne, et montent vers chaque étage pour distribuer les rations.

« Il est important de comprendre, écrit Javier, que chaque étage fonctionne comme un élevage indépendant. » Les truies ne changent pas d'étage. Les porcelets, quand ils arrivent à maturité, sont conduits dans des ascenseurs géants par les employés qui les envoient à un autre étage où ils seront engraissés. Les employés sont eux-mêmes assignés à un étage. Dans cette cité de porcs, on compte 35 à 45 ouvriers par bâtiment, qui travaillent six jours par semaine, explique M. Liu, le PDG, à Javier. Comme tous les travailleurs de la Guifei Moutain Sow Farm, il travaille trois mois sans sortir de la ferme, après avoir passé les deux quarantaines. M. Liu le sait, toutes ces précautions sont nécessaires. La réussite de ce système dont il reconnaît la complexité, demande une « maîtrise du fonctionnement qui n'est pas simple ». Mais il y voit les prémisses d'un idéal d'avenir. « Bien entendu, nous sommes en train de le perfectionner. »

La suite ? demande Javier Lorente. « Nous construisons actuellement des bâtiments de dix et douze étages », répond le dirigeant.

La concentration d'animaux toujours plus nombreux exige un niveau de sécurité toujours plus grand. Un virus circulant à bas bruit, dans une ferme reliée à des milliers d'autres à qui elle vend les porcelets, pourrait être à l'origine de la contamination de millions de porcs. Mais le modèle de biosécurité ne concerne pas uniquement les centres de reproduction. En 2018, la Chine a connu une épidémie de peste porcine qui lui a fait perdre, rapportait l'AFP, 32 % de son cheptel porcin en un an, le chiffre ayant atteint 80 % dans certaines provinces. Jian Huang, expert de l'IFIP – institut chinois du porc –, a annoncé que l'État chinois soutiendrait les fermes de 500 cochons minimum pour leur permettre d'appliquer la biosécurité dans leurs exploitations. « Les fermes familiales seront amenées à disparaître, au profit d'élevages industriels[2]. »

Sus aux animaux à l'air libre

Le concept de biosécurité n'est pas nouveau, il a été appliqué en Asie au milieu des années 2000, en pleine panzootie de grippe aviaire. Détecté en Thaïlande en janvier 2004, le virus H5N1 toucha en quelques semaines ses voisins proches : Vietnam, Indonésie, Malaisie. Quelques mois plus tard, il se propagea en Chine, au Japon, en Corée du Sud et gagna l'ouest : Mongolie, Russie, Turquie, Grèce et, jusqu'à la Roumanie, des villages entiers furent placés sous quarantaine. Dinde, poulet, oie, canard, H5N1 ravagea la volaille domestique.

La maladie a suscité une inquiétude particulière, car il s'agissait d'une zoonose. Ce virus est rarement transmis à l'humain. Mais, quand c'est le cas, celui-ci n'en ressort vivant qu'une fois sur deux. L'aspect dangereux des variétés de grippe H5N1 est lié au fait qu'elles combinent les deux sous-types H et N connus comme étant les plus pathogènes pour les humains. Si le virus venait à muter, devenant plus facilement contagieux pour les humains, certains experts estiment qu'il pourrait supprimer en un tour de la planète la moitié de la population mondiale.

Fin septembre 2005, dans une dépêche de l'ONU, le chargé de mission de l'Organisation mondiale de la santé, David Nabarro, compara H5N1 à la grippe espagnole. « Une pandémie de grippe humaine pourrait survenir à tout moment. » La grippe espagnole fit entre 20 et 50 millions de morts selon l'institut Pasteur, 100 millions de morts selon les estimations hautes, entre 1918 et 1919. Elle tua plus que la Première Guerre mondiale qui causa 10 millions de morts.

Comment stopper l'avancée du H5N1 ? L'une des responsables de la FAO, Louise Fresco, en 2005, annonça sans détour : « Le poulet de basse-cour est le grand problème, et le combat contre la grippe aviaire doit se jouer dans les cours pauvres du monde. » Margaret Say, la directrice du Conseil pour l'exportation des volailles et des œufs des États-Unis vers l'Asie du Sud-Est, déclara de son côté : « Nous ne pouvons pas contrôler les oiseaux migrateurs, mais nous pouvons sûrement consacrer toute notre énergie à fermer définitivement autant d'élevages de volailles de ferme que possible. »

Pour les États-Unis et la FAO, la faune sauvage est le principal réservoir du virus H5N1 ; d'où l'objectif de se débarrasser de la volaille fermière de plein air, car c'est celle qui entre en contact fréquent avec les oiseaux sauvages. Cette analyse a conduit à élaborer le concept de biosécurité, qui repose sur un principe simple : pour éviter la propagation d'un virus, les animaux doivent être élevés dans des bâtiments fermés et sécurisés. Mais le diagnostic est erroné. Car s'il serait absurde de nier la responsabilité de la faune sauvage dans la diffusion des maladies, elle n'est pas seule en cause. En 2006, des chercheurs ont examiné plus de 13 000 oiseaux sauvages dans les provinces infectées par la grippe aviaire en Chine. Seuls six oiseaux étaient porteurs du virus H5N1, résultat qui contredisait l'explication officielle. La conclusion des chercheurs était que la transmission par la volaille domestique est la principale voie de contamination du H5N1[3].

Qu'importe, en Thaïlande par exemple, au nom de la lutte contre H5N1, des efforts intenses furent déployés par les autorités, et les élevages fermiers ciblés. Des millions de volailles domestiques furent abattues. Quatre ans plus tard, une étude montrait que la politique sanitaire avait causé un effondrement des races de poulets thaïlandaises locales au profit de races industrielles, génétiquement homogènes[4].

En Indonésie, une lutte très sélective contre le virus

Dans le pays voisin, l'Indonésie, des opérations similaires étaient menées. En juillet 2004, dans le journal *The Jakarta Post*, le gouvernement annonça que le virus venu de Thaïlande avait touché l'Indonésie, et que des mesures d'abattage allaient être appliquées[5]. Mais trois jours après l'annonce, dans le pays qui comptait des dizaines de foyers, seuls 40 canards furent tués. Le ministre de l'Agriculture, Anton Apriyantono[6], expliqua que les finances du pays étaient trop fragiles pour appliquer le programme du gouvernement. Sans compensation économique, il risquait de causer un soulèvement populaire dans ce pays où 60 % des familles élèvent de la volaille. En 2005, trente-trois des trente et un départements indonésiens étaient atteints, H5N1 avait progressé sur 5 000 kilomètres ; l'Indonésie était le pays le plus touché au monde. La FAO, en coopération avec le ministère de l'Agriculture indonésien, apporta un soutien technique pour contenir le virus.

L'île indonésienne se retrouva au cœur d'une batterie de programmes de coopération internationale. Jamais auparavant un pays n'avait reçu autant d'argent de la communauté internationale pour combattre un pathogène sur son territoire. On estime qu'au moins 420 millions de dollars lui ont été versés[7]. Plan stratégique national de contrôle de l'influenza aviaire (PSN) – le terme « influenza aviaire » est synonyme de grippe aviaire ; Programme participatif de surveillance et de réponse à la maladie (PDSR), toute l'aide était coordonnée par la FAO. La biosécurité semblait porteuse de promesses : faire émerger un monde dégagé de la maladie. L'internationalisation de l'intervention poursuivait un objectif vertueux.

Devant l'Australie, le Japon et la Banque mondiale qui apportaient des capitaux, les États-Unis restaient le principal financeur des programmes d'aide. L'Agence américaine pour le développement (USAID) agissait comme un « puissant dirigeant technique », expliquent Olivier Charnoz et Paul Forster, des politistes qui ont étudié sur place la réponse à l'épizootie. Les États-Unis n'étaient pas touchés par le virus mais ils craignaient son arrivée. Ils prirent la direction des opérations tout en laissant l'ONU les réaliser avec les autorités indonésiennes.

Plusieurs années après cette coopération, les deux chercheurs ont interviewé de nombreux opérationnels du gouvernement indonésien et des vétérinaires internationaux ayant participé à la mise en place des programmes. Un fonctionnaire, protégé par l'anonymat, leur a confié : « L'USAID était un peu réticent à admettre le besoin de s'occuper de la chaîne de marché, par exemple… il est plus facile de dépenser de l'argent en s'occupant des petits éleveurs. » La vision des États-Unis a structuré la réponse internationale. Elle n'était pas présentée comme un transfert de valeurs mais comme une œuvre mondiale en faveur des plus démunis.

« L'attention a été focalisée sur les animaux de basse-cour », a dit l'une des personnes interviewées par les chercheurs. Les petits éleveurs ont donc fait l'objet de l'essentiel des contrôles : 150 millions de volailles au moins ont été abattues, d'après Olivier Charnoz et Paul Forster. La lutte contre le virus « a été mise en place uniquement pour détecter la maladie dans les *ayam kampung*, les poulets de village ». Dans les élevages industriels des six conglomérats présents dans le pays, les compagnies Charoen Pokphand, Japfa Comfeed, Wonokoyo Rojokoyo, Sierad Produce, Leong Hup, Sumiarto and Arifin, aucun poulet n'a été testé, et pas un abattu par les autorités. « Le gouvernement indonésien a approuvé les plans avec enthousiasme », assurait un fonctionnaire local interrogé par les chercheurs.

Éradiquer une maladie, dans le temps le plus court possible : l'objectif était si noble qu'il était impossible de le critiquer. Mais « personne n'a vraiment demandé s'il existait des foyers de maladie dans le secteur commercial. Ils ont juste cru [l'USAID] sur parole ». Après l'épizootie, en 2009, trois grandes sociétés se partageaient 70 % de la production nationale de poulet[8].

« Il est triste de constater que des millions de dollars ont été dépensés sans preuve. Personne ne s'est demandé ce qui transmettait la grippe aviaire et il n'y avait pas de véritables preuves », souligne l'une des personnes interrogées dans l'enquête. Techniciens et experts, animateurs, encadrants, formateurs, agronomes, planificateurs, agents de santé, ceux qui, sur le terrain ou dans les bureaux, ont géré les programmes de biosécurité en Indonésie ont nourri une vérité rassurante. Et la croyance, contrairement aux théories scientifiques, n'est pas réfutable.

Et l'agro-industrie serait le modèle de la sécurité !

Le consensus favorable qui entoure la biosécurité et inspire les pratiques productivistes prévaut largement aujourd'hui. Pour tenter de contrôler les maladies, la FAO a établi un classement entre les fermes, identique d'un pays à l'autre. Wantanee Kalpravidh dirige le département de la Santé animale au siège de la FAO à Rome, où elle travaille depuis 2004. Elle résume ainsi ce classement entre les fermes selon leur résistance supposée au risque infectieux : « Le secteur 1 est un élevage fermé avec une production intensive et intégrée à l'industrie[9]. » Il représente le niveau le plus élevé de biosécurité. « Le secteur 2 est un élevage intensif et fermé, mais non intégré à l'industrie. » Il présente un niveau plus bas de biosécurité. « Le secteur 3 est une ferme intensive moyenne non intégrée à l'industrie, et le secteur 4 est un élevage extensif où les animaux, moins nombreux, vivent en extérieur avec, souvent, une mixité dans les espèces. » Les niveaux 3 et 4 ont les moins bons niveaux de biosécurité.

La FAO, l'OIE et la Banque mondiale ont rédigé un guide des bonnes pratiques en matière de biosécurité dans le secteur porcin[10]. Un tableau y liste les mesures à prendre : installer des filets contre les oiseaux, confiner de façon permanente les porcs, séparer les espèces animales, créer des zones de chargement sur l'exploitation… Seul le secteur 1, « la production confinée à grande échelle », fournit le cadre correspondant au respect de toutes les prescriptions. L'agro-industrie est ainsi élevée au rang de modèle dans la gestion des maladies infectieuses tandis que l'élevage des bêtes en pâture apparaît comme une nuisance. « Faire progresser en biosécurité une ferme paysanne est moins facile que pour une ferme industrielle », tranche Wantanee Kalpravidh.

Cependant, une étude scientifique a montré que plus le PIB (produit intérieur brut) d'un pays augmente, plus les épidémies y sont nombreuses[11]. Conduite par six épidémiologistes, elle a été publiée dans la revue *PLOS One* en 2014. Leur recherche a porté sur l'ensemble du globe, ce qui n'empêche pas que le préjugé selon lequel les épidémies naissent dans les pays pauvres demeure solidement ancré. « Il devient également de plus en plus évident que beaucoup de réservoirs de l'infection peuvent être trouvés dans le monde en voie de développement, en particulier parmi les animaux d'élevage des zones à faibles revenus ; c'est-à-dire parmi les ruraux pauvres », assure la FAO. Qui recommande une solution : il faut que ces pays fassent leur révolution de l'élevage.

Dans le même temps, la FAO prône le respect des peuples autochtones et l'élevage en plein air. Il faut favoriser l'élevage vivrier, qui est « une source de revenus importante dans les pays pauvres ». L'élevage vivrier permet de faire vivre 30 % des familles au Laos, « il est très important de continuer à le pratiquer ». C'est qu'il s'agit d'éviter des désaccords diplomatiques, fût-ce au mépris de la cohérence interne. La FAO répète par exemple qu'une « densité de l'élevage plus faible » aide à éviter la propagation d'un virus, pour affirmer ensuite que les élevages les plus sûrs sont ceux « qui élèvent des animaux confinés ». Concilier l'engagement en faveur des plus démunis *et* la défense d'un mode d'élevage industriel, la préoccupation pour la misère humaine *et* l'exaltation de la concurrence sur un marché intégré à l'économie mondiale : les ambiguïtés dominent la scène onusienne. « Il faut s'adapter aux réalités locales. »

Mais sur le fond, les experts de la FAO pensent que la gestion des épidémies est une affaire essentiellement économique, qui passe par la production et l'accumulation, et fondée sur les investissements. « Les agriculteurs doivent augmenter leur production et leur productivité pour faire plus de bénéfices, ce qui génère un revenu supplémentaire qui leur permet d'investir dans la biosécurité », dit encore Wantanee Kalpravidh. « La question qu'ils doivent se poser est : combien d'œufs, combien de kilos de poulet puis-je produire ? »

La biosécurité est un paradigme récent, tiré de prémisses anciennes. En 1949, le président des États-Unis, Harry Truman, prononça son discours d'investiture dans lequel, pour la première fois, le terme de « régions sous-développées » était employé par un responsable politique. De là allait découler l'idée de « développement » selon laquelle il existe une division du monde en deux sous-ensembles, l'un développé, l'autre sous-développé. La biosécurité s'inscrit dans cette perspective de développement, constituant en fait une étape supplémentaire dans l'intensification de l'élevage à l'échelle mondiale. Pour désigner ce parti pris, on aurait pu utiliser le terme d'« industrialisation ». Mais le mot de biosécurité présentait une plus grande respectabilité, et la biosécurité est devenue la référence indiscutable d'un ordre qui prétend ne pas être politique.

La biosécurité et la fin de l'élevage paysan

« La biosécurité doit être appliquée, selon la FAO, à tous les élevages, quelle que soit leur taille. » La visée universalisatrice touche tous les pays et toutes les espèces. Les fermes ne doivent pas être laissées en marge du processus industriel. « Elles se civiliseront ou elles seront détruites. Rien ne peut tenir contre la civilisation et les puissances de l'industrie. Les seules espèces qui survivront seront celles que l'industrie multipliera », disait déjà au XIXe siècle un des plus illustres zélotes du progrès, Auguste Comte.

C'est à partir de 2016 que la biosécurité a radicalement changé les règles de l'élevage en France. Un bulletin de l'Académie vétérinaire publié en 2017[12] le rappelle : « Avec la crise de la grippe aviaire de 2015-2016, les mesures de biosécurité sont devenues obligatoires pour les détenteurs d'oiseaux. » Les auteurs, trois cadres du ministère de l'Agriculture, annoncent la suite : « À l'avenir toutes les filières, qu'elles soient extensives ou intensives, devront intégrer des mesures de biosécurité. » Et de s'interroger sur « l'intégration des mesures de biosécurité aux transhumances » qui « reste cependant à construire ».

Anthony Le Guennec a une voix forte et un air décidé. Bubry, village de 2 000 habitants à mi-chemin entre Lorient et Pontivy, l'a vu naître et grandir. Il en est parti, il y est revenu après avoir exercé le métier de paysagiste, raconte-t-il sans nostalgie. Jardiner chez les gens lui plaît, mais « il fallait que tout soit propre, plus une mauvaise herbe[13] ! ». Il laisse les pelouses aux autres et les portails automatiques derrière lui. Il a 30 ans, la vie devant lui : il retape avec sa compagne Enora, la maison de la grand-mère, s'y installant avec leurs deux filles, et, quand des parcelles autour de la maison se libérèrent, ils réalisent leur rêve. Une centaine de cochons en plein air, des céréales qu'ils cultivent eux-mêmes pour les nourrir, un camion pour faire les marchés trois fois par semaine. Ils fabriquent du pâté, de la saucisse, de la charcuterie. L'objectif de leurs produits, selon eux : redonner le sourire !

Un jour de novembre 2019, un an et demi après leur installation, Enora et Anthony reçurent un courrier des services vétérinaires. « La peste porcine africaine représente une menace très importante pour la filière porcine française. » Ils étaient informés de la mise en œuvre obligatoire d'un nouveau dispositif de biosécurité comprenant, entre autres, « des clôtures permettant de protéger les porcs d'un risque de contamination par les sangliers ». Les clôtures, d'une hauteur minimale de 1,30 mètre de haut, doivent être reliées à des poteaux tous les cinq mètres et présenter un grillage extérieur et un grillage intérieur. Un simple fil électrique entoure alors les parcelles des cochons. Enora et Anthony ne réfléchissent pas longtemps. « N'ayant pas l'argent pour clôturer, nous avons pris la décision de créer des boxes dans le bâtiment de la ferme. » Les cochons sont rentrés. « On n'a pas envie de se mettre à dos la DDCSPP. » La Direction départementale de la protection des populations est le service de l'État chargé de faire appliquer les mesures de biosécurité. Le couple ne revoit pas son projet d'élevage : « Quand nous pourrons, nous installerons ces clôtures. Le défi, c'est d'élever à nouveau nos animaux en plein air. »

Anne-Marie Leborgne, elle, a pris les nouvelles procédures obligatoires comme un coup de massue. Quand l'agricultrice de 39 ans revint de deux jours de « formation biosécurité » à la Chambre d'agriculture de son département, la Haute-Garonne, elle posa, hébétée, un dossier de soixante pages sur la table de la cuisine. Elle savait la nécessité des mesures sanitaires, car « le risque d'épidémie existe, et l'éleveur peut être responsable, mais ces normes fonctionnent très bien pour l'élevage industriel. Pas pour le plein air[14]. » « Quai d'embarquement » à construire pour déplacer les animaux, « désinsectisation et dératisation » du local de matériel par une entreprise extérieure tous les deux mois, « désinfection du tracteur systématique » entre deux champs, « on nous demande d'avoir des bunkers ! ».

Les éleveurs de cochons en plein air représentent 5 % de l'élevage porcin en France. Les mesures de biosécurité les fragilisent et les renvoient à leur position minoritaire. Elles font apparaître une contradiction : l'élevage industriel est un facteur aggravant les épidémies, on l'a vu, or la réponse gouvernementale pour prévenir ces épidémies impose des normes ayant pour modèle l'élevage industriel.

À la formation, Anne-Marie Leborgne avait levé la main pour demander à partir de combien de porcs les équipements de biosécurité sont obligatoires. « Dès le premier porc détenu », lui a-t-on répondu. Elle ne décolère pas. « Celui qui a cinq porcs en complément d'activité est assujetti aux mêmes mesures que celui qui en a 30 000, c'est ubuesque ! »

Anne-Marie élève vingt cochons bio par an, et travaille à mi-temps en tant qu'animatrice à l'école de son village, Montbrun-Bocage, au sud de Toulouse. Lorsqu'elle n'est pas avec les enfants, elle s'occupe des bêtes, elle prépare ses commandes, en tout 2 000 kilos par an, qu'elle écoule en vente directe. Deux mois après la formation, elle décide d'arrêter. À Montbrun-Bocage, il n'y a plus de cochons. « J'ai fait le calcul, pour rentabiliser l'investissement de la mise aux normes de biosécurité, il me faut augmenter mes prix. Je ne me vois pas vendre une côte de porc à 18 euros le kilo », explique Anne-Marie. « C'est injuste, psychologiquement très dur, il n'y a aucune reconnaissance de notre travail. »

À la Chambre d'agriculture, un accompagnement est pourtant proposé. Frédérique Reulet, conseillère en élevage dans le département de la Haute-Garonne, indique que, pour entreprendre les travaux de biosécurité, les agriculteurs ont droit à une subvention co-financée par le Conseil régional et l'Union européenne, qui s'élève à 30 % du coût du matériel[15]. Insuffisant, pour Benoît et Isabelle Dubois, qui estiment la dépense à 400 000 euros. « Et sans compter le temps de travail et d'entretien[16]. » Ils n'ont pas gagné autant en trente ans de carrière. « Après avoir payé nos charges, il nous reste 500 euros par mois, à deux, pour vivre. »

Benoît et Isabelle Dubois élèvent leurs cochons à Brie, dans les collines ariégeoises du sud de la France. 90 hectares de prés et de bois en location, sur des pentes traversées par quelques ruisseaux. Lorsqu'on monte au sommet, on voit l'Espagne. « Avec du rocher à certains endroits, sur des dénivelés de 100 mètres sur 300 mètres de long, installer un grillage, c'est infaisable. » Leurs 200 cochons entretiennent ce coin de montagne peuplé de chênes, ce qui permet de limiter la végétation et d'éloigner le risque d'incendie. Isabelle et Benoît continuent à planter sur ces terres sèches, frênes, aubépines, pruneliers, mais à 60 ans, ils pensent être les derniers à y élever le cochon. Ils ne prennent pas de stagiaire pour ne pas faire miroiter à un jeune « un projet d'installation impossible ».

Surveiller et contenir

Dans un article de la revue professionnelle *Réussir porc*[17], on peut lire que la profession « prend le problème à bras-le-corps face à la menace sanitaire ». Protéger les élevages est avant tout une « opportunité », il faut donner la « priorité à la biosécurité ». Pour réaliser ce nouveau sens donné à l'histoire, l'individu serait la clé du changement. « Ce qui décidera avant tout de la réussite de ces mesures, c'est le facteur humain », conclut l'article. La biosécurité est pensée non pas comme un progrès dans lequel chaque élément dépend des autres, mais comme une évolution inévitable pour une collection de fermes individuelles. À force de travail et de persévérance, chaque éleveur peut y arriver. On retrouve ici l'idéologie néo-libérale qui dissout la responsabilité collective en rejetant la faute sur le sujet. Celui-ci se doit d'être vigilant, dans ses moindres gestes. Une « conduite des conduites », pour reprendre les mots de Michel Foucault.

« On demande aux éleveurs d'avoir un plan de maîtrise sanitaire. Nous devons garder des enregistrements écrits de certaines informations[18]. » Ce qui dérange le plus l'agricultrice bretonne Camille Le Roux : « Il faut que je documente chaque protocole que je fais. » À 33 ans, elle fait partie de la petite trentaine d'éleveurs en France qui élèvent le porc Blanc de l'Ouest, un cochon de race rustique typiquement breton, reconnaissable à son épi sur le dos et ses oreilles inclinées vers l'avant. Née dans le Morbihan, la jeune femme a repris une ferme dans la campagne rennaise. Elle a dû la séparer en trois zones, la zone publique, la zone professionnelle, la zone d'exploitation. « Je dois pouvoir présenter au contrôleur de la DDPP les plans de la ferme avec les zones, le sens de circulation des flux, toutes les entrées et sorties de visiteurs. À l'entrée de chaque zone, il faut changer de tenue et il y a des procédures distinctes à respecter. »

Il n'y a plus de bon sens paysan. « La vie avec les oiseaux est devenue de plus en plus entourée par les filets, les murs et les documents », écrit le géographe anglais Stephen Hinchliffe[19], après avoir visité des fermes dans l'Angleterre post-grippe aviaire. L'héritage de H5N1 ou de la peste porcine se prolonge bien au-delà de leurs apparitions ponctuelles. En réalité, la biosécurité, le projet de rendre la vie sûre, est un état permanent d'exclusion.

4. Les multinationales profitent sans payer

Pour asseoir leur domination économique, les multinationales recourent aux politiques les plus diverses. Elles savent comment conquérir, délocaliser, collaborer, asservir, faire et défaire les lois, externaliser les coûts. Leur taille, leur stratégie, leur poids politique et leur impunité permettent leur ascension. Dans le théâtre de la pandémie, les gagnants sont ceux qui parviennent à faire jouer de telles armes en leur faveur.

Le quotidien *South China Morning Post* a dressé la liste des trois entreprises qui se sont le plus enrichies à l'occasion de l'épidémie de peste porcine en Chine, qui a éliminé, entre 2018 et 2019, 200 millions d'animaux, la moitié du cheptel porcin du pays. Trois noms apparaissent, trois *success stories* de l'ère industrielle : WH, Muyuan Foodstuff et New Hope[1].

Le numéro 1 mondial du cochon, WH, n'a vendu que 13 millions de porcs en 2019, soit 19 % de moins que l'année précédente. Pourtant, son bénéfice a augmenté de 32 %. Le virus a frappé ses chaînes d'approvisionnement, mais l'entreprise a mieux vendu : dans les commerces et les supermarchés chinois, la baisse de l'offre s'est traduite par le doublement du prix du porc. La hausse des cours a également renfloué Muyuan Foodstuff, deuxième producteur de porcs en Chine. « Il nous faut dépasser ce violent ouragan et en faire une superbe opportunité de développement », avait annoncé son PDG Qin Yinglin au début de l'année[2]. Le pari est gagné haut la main et l'homme d'affaires a vu sa fortune personnelle quadrupler en 2019 pour atteindre 7,5 milliards d'euros. Quant à New Hope, la société spécialisée dans l'élevage de porcs, elle a enregistré au premier semestre 2019 un bénéfice de 87 % supérieur à celui réalisé pendant la même période l'année précédente. Elle a lancé un vaste chantier de construction de deux nouvelles fermes-usines dans les provinces de Hebei et du Guangxi. La compagnie prévoit de vendre 25 millions de porcs par an à partir de 2022.

Pour les leaders du marché du cochon, la conjoncture s'est révélée extraordinairement propice aux affaires. La disparition de la moitié du cheptel du fait de la peste porcine a éliminé de nombreux concurrents : soit parce qu'ils n'ont pas eu la capacité financière d'acheter un nouveau troupeau, soit parce qu'ils n'ont pas eu les moyens d'appliquer les normes de biosécurité. Les industriels ont pris les parts de marché des petits éleveurs, balayés par l'épidémie.

Devant eux, ils ont un « océan bleu », expliquait l'analyste Lei Yi du China Merchants Securities à l'agence de presse Reuters en octobre 2019. « Tout pays touché par la peste porcine, qu'il s'agisse du Vietnam ou de la Chine, est un marché de type "océan bleu" pour l'élevage de porcs[3]. » L'expression désigne un marché non saturé par la concurrence, où la croissance est rapide et importante. À l'inverse, un « océan rouge » signifie l'afflux d'un grand nombre de concurrents.

Les prix et la reconfiguration du marché ont renforcé la position des grands acteurs. Les gigantesques fabriques de viande ont leur taille pour meilleur atout : en raison du volume dégagé, même en cas de baisse importante des stocks, elles peuvent continuer à approvisionner le marché. Mais leur performance en temps de crise sanitaire tient aussi à une flexibilité organisationnelle propre aux firmes multinationales.

Comment faire porter le risque aux petits paysans

Isabelle Delforge[4] est une femme bavarde et énergique. Aujourd'hui âgée de 57 ans, elle raconte qu'elle a passé vingt ans de sa vie en Asie. Après un master en communication et des contrats professionnels passés avec plusieurs mouvements sociaux internationaux, elle s'est engagée à 40 ans auprès de l'ONG Focus on the Global South dont elle est devenue salariée.

L'organisation défend le droit des peuples à un développement juste et durable, dans la région du Sud-Est asiatique. Lorsqu'a éclaté la grippe aviaire en 2004 en Thaïlande, Isabelle Delforge était à Bangkok, où Focus on the Global South a son siège.

L'ONG s'est intéressée aux activités du groupe Charoen Pokphand (CP) – numéro 4 mondial du poulet et premier exportateur en Asie. En Thaïlande, CP travaille avec 12 000 éleveurs de poulet « intégrés » à l'entreprise, par la méthode appelée intégration verticale. Le contrat entre l'éleveur et la firme prévoit que CP livre les poussins prêts à élever, les médicaments si besoin, et il impose des normes de production précises. Pour la firme, ce partenariat permet de sécuriser son approvisionnement sans avoir à construire de fermes-usines. Et pour le paysan, le contrat présente un avantage certain : il est assuré de travailler et de vendre ses bêtes.

Mais les communiqués de presse de l'ONG révélèrent autre chose. L'année où se déclencha l'épidémie, certains éleveurs ne reçurent pas de poulets pendant six mois, sans compensation ni explication. Dans les comptes rendus de l'organisation, on peut lire le témoignage de nombreux producteurs. « Personne ne m'a prévenue que Charoen Pokphand arrêterait de livrer. J'ai appelé le vétérinaire de la compagnie de nombreuses fois », confiait une éleveuse désemparée. « Comment puis-je sortir du contrat ? J'ai un prêt très lourd à payer, j'ai investi plus d'un million de bahts ! », se désespérait un éleveur dont le compte bancaire approchait de zéro. Le revenu agricole mensuel moyen en Thaïlande est de 3 000 bahts, soit 62,80 euros. L'argent ne rentrait plus, mais il fallait rembourser chaque mois la dette issue de la construction d'un bâtiment ultra-moderne et standardisé pour faire un poulet *Made in* Charoen Pokphand. « Nous sommes comme des chiens, sans nom sur le collier », dit un autre éleveur à Isabelle Delforge.

Pendant ce temps, pour pallier l'embargo sur le poulet thaïlandais, Charoen Pokphand faisait tourner à plein régime ses poulaillers chinois et américains. La compagnie est en effet présente sur toute la surface du globe et prétend être « la cuisine du monde ». Pour alimenter les plus grandes enseignes de restauration rapide comme KFC, la firme dispose d'une vaste chaîne d'approvisionnement en volailles, qui produit plus de 40 millions de tonnes de poulet par an dont 1 million en Thaïlande[5], son pays d'origine. Turquie, États-Unis, Malaisie, Vietnam ou Chine, la société mère assure la coordination entre ses différentes filiales qui sont autant de sites d'approvisionnement et de distribution. En 2004, Charoen Pokphand a accru son chiffre d'affaires de 10 %. Tandis que la firme a consolidé sa progression financière, ses milliers d'éleveurs sous contrat en Thaïlande ont subi en silence les chocs sanitaires.

Les nombreux communiqués de presse de l'ONG Focus on the Global South n'ont pas permis d'améliorer leur situation. « Dans la plupart des cas, ils ne possèdent même pas de copie du contrat », avait constaté l'organisation. Les autorités ne sont pas intervenues. « On ne dérange pas Charoen Pokphand », résume Isabelle Delforge. En Thaïlande, l'entreprise possède un empire qui s'étend des télécommunications à la finance, c'est un leader dans l'immobilier et le bâtiment, l'agro-alimentaire et la grande distribution. Elle pousse les paysans à la faillite, mais l'État ne s'occupe pas de savoir si elle respecte les contrats. La justice s'efface derrière le règne de la société marchande.

Pour les gros, le soutien discret d'une norme extraordinaire

En déployant leurs activités entre plusieurs pays, en relocalisant rapidement au besoin, les firmes remportent des victoires qui sont le résultat d'une stratégie d'approvisionnement redoutable. Il est évident qu'elles souffrent d'une épidémie à court terme, mais elles utilisent leur agilité pour éviter la perte de marchés qui se chiffrent en milliards d'euros. Les multinationales sont tout aussi habiles lorsqu'il s'agit de passer au travers des embargos. Loin d'être passives, elles les anticipent. On aurait pu penser que les entreprises multinationales exportatrices seraient les plus impactées par les interdictions de déplacement des marchandises et des animaux au moment des crises, car la nature même de leur activité constitue un risque de contamination transfrontalière. C'est l'inverse qui se produit. Car le droit international, au service de leurs activités, a ouvert des couloirs spéciaux pour les firmes multinationales.

À l'origine de la mesure : l'Organisation mondiale de la santé animale (OIE). Depuis 1924, elle rassemble 182 États des 198 pays du monde. À chaque Assemblée mondiale annuelle, leurs représentants se réunissent dans un grand amphithéâtre au siège de l'organisation, dans le XVIIe arrondissement de Paris. Le 28 mai 2004, au cours de la soixante-douzième rencontre annuelle, les États ont voté en faveur d'une nouvelle norme qui fut ajoutée dès l'année suivante au Code sanitaire pour les animaux terrestres, le texte de référence internationale pour la santé animale. Son adoption marqua le début d'un nouvel ordre juridique pour les firmes multinationales : auparavant, toutes les fermes étaient soumises aux mêmes restrictions de déplacement des marchandises en cas d'épidémie ; après l'adoption du texte, les fermes correspondant au secteur 1 de biosécurité bénéficiaient d'un passe-droit pour continuer leur commerce. Nous avons vu que ce secteur rassemble des élevages concentrés et intensifs, présentant un caractère industriel. Considéré comme le plus sûr par les pays du monde entier, ce modèle agricole – pourtant générateur de pathogènes – est classé dès lors dans un régime à part, appelé « compartiment ». Le classement n'est pas automatique.

Une ferme de secteur 1 doit faire une demande officielle pour être reconnue compartiment. Ses pratiques sont évaluées au regard des normes de biosécurité par les autorités sanitaires et, si elles sont jugées satisfaisantes, la ferme obtient le statut. Son élevage est alors considéré comme une sous-population animale distincte de la population animale de son pays.

Les nouveaux articles du code terrestre de l'OIE n'ont de valeur juridique que lorsqu'ils sont transcrits dans les législations nationales. Après de nombreux pays (le Chili, la Colombie, les États-Unis, la Grande-Bretagne, la Chine, l'Australie, l'Afrique du Sud entre autres), la France a inscrit cette norme dans la loi par un arrêté ministériel le 16 février 2016.

Suite à la promulgation de l'arrêté, les dirigeants de Doux, le géant français de la volaille industrielle, ne sont pas restés longtemps les bras croisés. Dès 2017, la société a fait inscrire 120 fermes dans son compartiment. Nous avons rencontré deux de ses dirigeants, François Le Fort et Pascal Le Floch[6]. Les deux hommes, qui se connaissent depuis 1987, sont entrés cette même année dans l'entreprise bretonne. Celle-ci, en difficulté financière, a été rachetée en 2018 par l'un des plus grands groupes agro-alimentaires saoudien, Al Munajem, qui l'a divisée en deux sociétés, France Poultry et Yer Breizh. François Le Fort dirige la première – spécialisée dans l'abattage – et Pascal Le Floch la seconde – spécialisée dans la production de volaille.

« Les cas d'influenza aviaire nous ont amenés à réfléchir », dit François Le Fort. « Dans la mesure où 93 % de notre activité dépendent de l'export, la question était de savoir comment nous protéger et maintenir nos possibilités d'exportation. » Spécialisée dans le poulet congelé, l'entreprise abat 340 000 volailles par jour et charge chaque semaine 70 à 80 containers dans le port de Brest. Deuxième exportateur de poulet en Europe, elle dispose de ses propres cargos frigorifiques qui traversent les mers pour livrer principalement l'Arabie saoudite, mais aussi le Qatar, le Koweït, la Chine, le Mozambique, Haïti ou le Gabon. En cas d'épidémie de grippe aviaire en France, les flux nationaux et d'exportation seraient interdits. Mais la possession du précieux sésame permet à France Poultry de passer outre les interdictions imposées à tous les paysans et de continuer à transporter et vendre les poulets. À condition de prouver que la production est non contaminée et constitue une « bulle sanitaire », pour reprendre les mots de François Le Fort.

Mais comment devient-on une « bulle sanitaire » ? « Nous respectons des procédures strictes. » Vides sanitaires, désinfections complètes, tests sérologiques fréquents sur les volailles, tout ceci et d'autres mesures de précaution requièrent « un travail de très longue haleine ». Pascal Le Floch nous présente les fermes-usines du compartiment, qui sont régies par un modèle d'intégration verticale. En moyenne, on compte deux bâtiments par ferme, et 35 000 poulets dans chacun d'eux. Le plus haut niveau de biosécurité est appliqué, comme dans toutes les fermes reconnues compartiments. 1 500 agneaux, 2 500 truies, 200 000 cochons, 40 000 poules : les fermes-compartiments qu'illustre un article de la revue scientifique et technique de l'OIE[7] décrivent un même modèle industriel. « Toute production à l'intérieur du compartiment doit se dérouler selon une procédure standard unique[8] », souligne l'institution.

Des règles qui servent les multinationales plus que l'intérêt public

Le modèle a pour vocation d'être appliqué à toutes les productions animales industrielles. En France, France Poultry-Yer Breizh est aujourd'hui le seul vendeur de viande à disposer de cet avantage commercial. Dans le monde, plusieurs dizaines de multinationales de l'agro-alimentaire continuent à exporter lors des épidémies. Parmi elles, le numéro 1 mondial de la viande, JBS ; le numéro 2 mondial de la sélection animale, Hendrix-Genetics, propriétaire du groupe agro-alimentaire Avril. Et le numéro 2 mondial de la viande, l'américain Tyson. Sa filiale Cobb-Vantress vend chaque année des milliards de poussins et atteint un chiffre d'affaires annuel de 35 milliards d'euros. Elle a des compartiments en Grande-Bretagne, en Hollande, aux États-Unis, au

Japon et en Israël notamment. « C'est un point de non-retour pour l'industrie de la volaille », avait déclaré son PDG alors qu'il recevait en 2014 le statut de compartiment au Brésil pour ses fermes intégrées[9].

Cette reconnaissance officielle, qui le protégera en cas de crise sanitaire, lui permet aussi tout au long de l'année de bien valoriser ses produits : « Avec l'aide de ce nouveau statut de compartiment, devenu un label de qualité, Cobb-Vantress vise à accroître davantage ses exportations. »

Monique Éloit est directrice générale de l'OIE, elle a vu émerger de plus en plus de compartiments dans les quinze dernières années et elle résume la logique générale : « L'intérêt du compartiment, c'est de continuer à exporter[10]. » Les préoccupations sanitaires sont-elles sacrifiées sur l'autel du libre-échange ? Non, Monique Éloit en est convaincue : les compartiments requièrent une telle exigence de biosécurité qu'ils rendent impossible la diffusion des microbes. « Le compartiment est bien séparé de ce qui se passe à côté. »

Sauf que le risque zéro n'existe pas. La biosécurité ne sécurise pas les pratiques d'élevage, mais elle cherche à écarter les animaux de tout contact avec la faune sauvage, perçue comme la première des sources microbiennes. Or une ferme, aussi industrielle soit-elle, n'est pas une tombe : elle reste un lieu de production de la vie. Pour cela, elle fait entrer des flux

– eau, air, nourriture, animaux – à travers lesquels un agent pathogène peut être convoyé.

La biosécurité repose sur l'idée de frontière : la ferme biosécurisée est épidémiologiquement cloisonnée, en d'autres termes, isolée de son environnement. Mais bien qu'elle se présente comme un bâtiment hermétiquement fermé, elle est ouverte sur l'extérieur. Ses travailleurs entrent et sortent ; ses bêtes ne naissent pas sur place et se nourrissent d'aliments apportés par camion. Des quantités importantes d'excréments sont ramassées par camion. La ferme biosécurisée est donc en permanence en relation avec l'extérieur.

Bien sûr, tous ces flux sont très encadrés, comme nous l'avons vu au chapitre précédent. Lavage des mains, désinfection des véhicules, changement de tenue… Mais, dans la pratique, il existe un écart important entre les exigences de conformité et le respect quotidien des consignes. Manon Racicot, chercheuse au département d'épidémiologie de l'université de Montréal, a ainsi dénombré pas moins de quarante-quatre erreurs de biosécurité fréquentes dans une vingtaine d'exploitations intensives productrices de volaille qu'elle a étudiées. Ces fermes-usines, techniquement conformes à la biosécurité, comportent chacune de quatre à douze bâtiments, concentrant chacun 30 000 volailles en moyenne. Manon Racicot a relevé un manque d'application des mesures de base par les employés et les chefs d'exploitation. Le changement de bottes obligatoire à l'entrée de chaque bâtiment par exemple n'est respecté que dans 36 % des cas[11].

Il n'y a pas d'étanchéité réelle. On s'aperçoit que « des “accidents normaux” ont lieu à l'intérieur des élevages de volaille supposés biosécurisés », écrit de son côté le chercheur britannique Stephen Hinchliffe[12]. Bien que les grandes exploitations de production animale s'appuient sur des normes sanitaires de biosécurité pour prévenir et contrôler les maladies infectieuses, l'ampleur des intrants et extrants de ces systèmes, la dépendance à de multiples acteurs de la chaîne de production, le transport d'animaux vivants au niveau national et transfrontalier font que ces mesures ne seraient pas suffisantes, même si elles étaient strictement appliquées.

La « bulle sanitaire » est donc un mythe. Chaque compartiment accroît les risques de contamination. Une étude menée par des chercheurs de l'institut Wageningen – l'expert national référent aux Pays-Bas en matière de médecine vétérinaire – le démontre. Leur sujet d'enquête était d'évaluer la probabilité de diffusion d'un microbe hors d'un compartiment. La réponse, publiée dans la revue scientifique *PLOS One* en 2018, est claire : l'octroi du statut de compartiment conduit à une augmentation importante du R_O, car le risque que le virus se propage hors du compartiment est élevé. Selon les épidémiologistes, dans une région densément peuplée d'élevages comme la Bretagne, une ferme intégrée dans un compartiment a 55 % plus de risque de contaminer une autre ferme hors compartiment qu'une ferme non intégrée dans un compartiment. Le niveau élevé de ce chiffre s'explique par le maintien de multiples transports.

Le terme de « compartiment » et son imperméabilité semblent peu adaptés pour désigner une ferme. Ce langage porte la trace de la posture idéalisée de la biosécurité qui permettrait de se retrancher dans un monde clos sans microbes, tandis que le dehors est en train de subir une épidémie. Ce concept n'a pas de réalité pratique dans l'élevage et, en n'opposant aucune limite à l'industrie, il menace l'équilibre sanitaire du bétail et des hommes.

Le processus de reconnaissance d'un compartiment compte deux étapes. Une entreprise doit, premièrement, être reconnue par son propre pays. Puis chaque pays importateur signe un accord bilatéral avec le pays exportateur afin d'agréer la compagnie exportatrice candidate. La diplomatie porte ainsi le drapeau d'une compagnie privée : l'État ne défend pas sa population agricole, une filière ou une particularité régionale, mais une marque et ses produits. Lorsqu'un pays plaide pour le commerce de France Poultry, Cobb-Vantress ou JBS, il semble défendre des intérêts privés plutôt que l'intérêt public.

La compartimentation se révèle ainsi une dérive politique, qui pose des questions cruciales du point de vue de la démocratie. Distribuer des avantages compétitifs à certaines entreprises agricoles revient à leur donner des appuis tactiques dans la lutte pour la domination du marché de l'agro-alimentaire. Un droit au « cas par cas » remplace la défense de l'intérêt général.

Les règles de droit ne sont pas seulement une règle du jeu pour les opérateurs économiques, elles déterminent aussi la prééminence d'un groupe de professionnels sur un marché où la compétition est sévère. La compartimentation illustre ainsi la prise de pouvoir d'une élite mondiale dont les activités génèrent en fait un risque sanitaire important. Plutôt que de nommer et dénoncer ces entreprises, nous pensons ici plus utile de nous arrêter sur la configuration d'ensemble : la stratégie déficiente de l'OIE. Pour circonscrire les épidémies, cette institution ne remet pas en cause le bien-fondé du modèle industriel exportateur, qui bénéficie *de facto* d'un statut d'idéologie de monopole. Dès lors, toute tentative pour améliorer cet écosystème pathogène devra se confronter au pouvoir gigantesque des multinationales de l'élevage.

Je suis responsable, tu payes

Un élément supplémentaire favorisant la prospérité des firmes multinationales est qu'elles pratiquent l'externalisation des coûts sanitaires causés par leur activité. Autrement dit, elles ne payent pas le prix des épidémies qu'elles génèrent.

Le séquençage des virus H5N1, avec ses protéines H pour l'hémaglutinine et N pour la neuraminidase, a permis de découvrir au niveau moléculaire les variations de ce microbe humano-aviaire. Le virus de 100 millionièmes de millimètre mute d'une façon qui en fait l'un des agents pathogènes les plus instables. On connaît actuellement 23 associations H-N, dont une quinzaine rencontrées chez les oiseaux et potentiellement transmissibles à l'humain. En janvier 2007 dans l'est de la Grande-Bretagne, lorsqu'une souche de grippe aviaire a ainsi été détectée, les biologistes ont dressé la carte d'identité génétique du virus et ses éventuels liens de parenté avec les versions du H5N1 déjà connues. La souche britannique présentait un code génétiquement identique à celle du virus H5N1 qui frappait la Hongrie depuis plusieurs semaines.

Comment l'agent pathogène avait-il parcouru 2 200 kilomètres ? Un oiseau sauvage l'avait-il transporté dans son appareil digestif ? La piste de la migration fut écartée quand on s'aperçut qu'une entreprise, Bernard Matthews, avait, peut-être à son corps défendant, rapporté le virus en important de la dinde qu'elle élevait et abattait en Hongrie, mais qu'elle découpait et conditionnait dans l'une de ses usines anglaises.

Nuggets, blanc de dinde, escalopes, la marque Bernard Matthews est aussi connue en Grande-Bretagne que l'est Fleury Michon en France. Les Anglais ont vu l'entreprise changer en un demi-siècle. Son fondateur, qui a donné son nom à l'entreprise, avait quitté en 1950 un job d'employé dans le milieu de l'assurance pour se lancer dans les affaires ; il acquit 3 000 dindes, et ce fut le début de son aventure. Un demi-siècle plus tard, il approchait du milliard de dindes, toutes élevées dans des poulaillers intensifs par des ouvriers salariés, en Grande-Bretagne, en Allemagne et en Europe de l'Est. Au début des années 2000, devenu numéro 1 de la dinde en Europe, il en abattait 100 par minute lors des fêtes de Noël.

Le 30 janvier 2007, dans l'un des 22 bâtiments d'élevage qui jouxte l'usine du groupe Matthews à Holton, 55 dindes moururent brutalement. Le lendemain, des milliers d'autres suivirent. Le département de la Santé donna son diagnostic : le virus de grippe aviaire H5N1 avait touché l'Angleterre. Les 160 000 volailles contenues dans les 22 bâtiments furent abattues.

De nombreuses questions restaient en suspens à ce stade de l'histoire. « On ne sait toujours pas de quelle façon le virus a réussi à pénétrer l'élevage », observaient *Les Échos*, en France, tandis que la Grande-Bretagne se préparait « très, très sérieusement » à une pandémie toutefois « très peu probable », selon la ministre de la Santé Patricia Hewitt. Le ministère de l'Agriculture français attendait l'avis de l'Agence française de sécurité sanitaire des aliments (AFSSA) pour trancher sur la nécessité ou non de procéder à un confinement des élevages d'oiseaux.

Les médias britanniques se tournèrent vers la filiale hongroise de Bernard Matthews. La compagnie importait chaque semaine à Holton 38 tonnes de dindes de Hongrie. Était-elle à l'origine de la contamination par des importations peu précautionneuses ? « Il n'y a pas la moindre possibilité, les élevages hongrois de la compagnie sont éloignés de la zone infectée », affirma Matthews. Le gouvernement de Tony Blair confirma : « Il n'y a pas de connexion hongroise. »

Pourtant, une semaine après la détection du virus, il revint sur sa déclaration. David King, le conseiller scientifique de Tony Blair, expliqua que la contamination provenait vraisemblablement de la filiale hongroise de Bernard Matthews. Un inspecteur du gouvernement avait trouvé, dans les locaux de l'entreprise, un document prouvant que plusieurs lots de dindes abattus en Hongrie et importés à l'usine de Holton étaient issus de la zone infectée en Hongrie. Bernard Matthews avait-il dissimulé la vérité en assurant que ses élevages n'étaient pas contaminés ?

L'épizootie de grippe aviaire de 2007 en Angleterre se limita à l'élevage de Matthews. L'abattage de ses bêtes et les restrictions strictes de transport de volaille permirent d'éviter la pandémie. Par la suite, le gouvernement indemnisa la société Bernard Matthews, à hauteur de 589 000 livres sterling – soit 650 000 euros – pour compenser l'abattage de ses 160 000 dindes.

Les coûts cachés de l'industrie

Le prix affiché sur l'étiquette des nuggets Matthews ne donne qu'une vision partielle de son coût de production. S'y ajoutent en effet les dépenses publiques qui maintiennent l'entreprise en état de performance financière. Car les firmes ne payent pas le coût de l'abattage par l'État ni la perte des animaux, même quand leur responsabilité est avérée. Elles ne prennent pas non plus en charge les frais de santé lorsque le virus saute chez l'humain, comme celui de la grippe porcine H1N1 en 2009.

Dans une porcherie industrielle mexicaine de 540 000 bêtes appartenant à Smithfield – la filiale américaine du groupe chinois WH – apparut en mars 2009 une maladie très contagieuse pour les hommes. Les premiers patients furent détectés dans le village de La Gloria où se trouvait la porcherie ; très vite, tout le pays fut contaminé, puis le virus H1N1 se propagea aux États-Unis, en Europe, en Asie et en Afrique. L'OMS déclara la pandémie en juin 2009, la forte contagiosité de l'agent pathogène conduisit l'institution à placer l'alerte au niveau 5 sur 6 sur l'échelle des pandémies. Le virus n'était en réalité pas plus meurtrier qu'un virus de grippe saisonnière : il tua 18 000 personnes dans le monde entre 2009 et 2010, sur les 700 millions à 1,9 milliard de personnes contaminées.

Le bilan économique de la pandémie de H1N1 est difficile à établir à l'échelle du globe. Sans compter les perturbations générales pour les divers secteurs de l'économie, les États ont investi massivement afin de limiter le nombre de morts. En France, le Sénat a évalué la dépense publique entre 1,8 milliard et 2,2 milliards d'euros[13]. Un rapport public donne le détail de la facture : au coût de l'achat des vaccins – 869 millions d'euros –, s'ajoutent la campagne de vaccination pour 35,8 millions d'euros, l'acquisition de respirateurs pour 5,8 millions d'euros, l'achat d'antiviraux pour 20 millions d'euros, l'achat de masques pour 150,6 millions d'euros ; 41,6 millions d'euros de dépenses logistiques, 290 millions afin d'indemniser les personnels de santé réquisitionnés, 59,6 millions destinés aux frais d'information et à la campagne de communication. Et encore 375 à 752 millions d'euros de dépenses liées aux consultations de médecins et à la prescription de médicaments, plus 100 millions de « frais liés à l'organisation territoriale de la campagne de vaccination ». « Cette estimation ne prend cependant pas en compte le coût supporté par les collectivités territoriales qui ont notamment été incitées à constituer des stocks de produits de santé », précise le Sénat. Le plan anti-grippe H1N1 a au total coûté « plus que le déficit cumulé de tous les hôpitaux publics », selon le député UMP de Paris Bernard Debré[14].

Si les fabriques industrielles de viande sont rentables aujourd'hui, c'est parce qu'elles n'intègrent pas l'ensemble de leurs coûts de fonctionnement. Les dépenses publiques qu'elles provoquent représentent des « externalités négatives », en d'autres termes, des effets secondaires indésirables. Ils sont pourtant récurrents. Si ces coûts supportés par la collectivité étaient inclus dans leur comptabilité, ils causeraient sans doute leur faillite.

La multiplication des crises sanitaires devient d'ailleurs un sujet qui inquiète les investisseurs. Au printemps 2020, en pleine pandémie de Covid-19, la banque américaine Goldman Sachs a classé l'industrie de l'élevage en tête des investissements risqués, au même niveau que l'industrie pétrolière.

Le réseau international d'investisseurs FAIRR indique quant à lui que la plupart des plus grandes entreprises de viande présentent un risque pandémique élevé et ne pourraient empêcher l'apparition de nouvelles zoonoses. Dans un rapport de juin 2020 – intitulé « Une industrie infectée »[15] –, il se montre très sceptique quant à la capacité du secteur industriel de la viande à générer de la croissance sur le long terme et des dividendes attractifs. Jeremy Coller, le fondateur du réseau, juge le modèle d'entreprise trop incertain, engagé dans un « cycle d'autodestruction qui lui fait perdre de la valeur et met des vies en danger ». Les actionnaires sont prévenus. Jeremy Coller le dit, pour éviter la prochaine pandémie, l'industrie doit cesser la concentration des animaux, diminuer leur transport et ne pas surutiliser les antibiotiques.

5. La riposte des paysans

« J'ai déclaré que je n'avais plus de cochons. C'était le seul moyen de ne pas perdre le sens de ce que je fais[1]. » Romain* a 41 ans, dont vingt dans l'élevage et le maraîchage, et il possède une ferme au cœur de l'Auvergne. Il veut bien témoigner et nous présente aussi d'autres agriculteurs qui, comme lui, élèvent des porcs illégalement, à condition bien sûr de ne pas les nommer publiquement. Le mot « illégal », Romain ne le prononce pas, il préfère « pseudo-clandestin », pour décrire la situation mi-choisie mi-subie dans laquelle il se trouve.

Il reprend l'histoire depuis le début. En 2018, les éleveurs de porcs ont été informés des nouvelles normes de biosécurité. L'année suivante, ces normes sont devenues obligatoires. En 2020, Romain a envoyé un courrier à la DDCSPP, la Direction départementale de la cohésion sociale et de la

* Le prénom a été changé.

protection des populations. Ce service public est chargé de contrôler les élevages. « Madame, Monsieur… » La lettre ne faisait pas plus de quelques lignes, l'essentiel était dit : « Je vous prie de bien vouloir considérer la cessation de l'activité “élevage porcin” dans l'exploitation. »

Inquiet ? Un peu. Il y repense souvent : sur le site internet de la DDCSPP, il a vu qu'il risquait 1 500 euros d'amende par animal non déclaré. Il a 26 cochons. Dans ses champs, les porcs préparent le sol pour les semis de carottes, blettes, poireaux, courges à venir. En fouissant la terre avec leur groin, ils la retournent et la labourent. Romain aime le rythme paysan, la difficulté d'un travail exigeant, il apprécie ses journées qui ne se ressemblent pas. Il a appris à regarder, soigner, cultiver le vivant, et refuse de faire les gestes de l'industrie. « Je me sens loin d'un type d'élevage où le sort de l'humain est commun à celui d'animaux qui sont le “fonds de roulement” d'un travail d'usine. »

Les cochons sont vendus aux amis, aux amis d'amis, par bouche-à-oreille… Ne risquent-ils pas une intoxication alimentaire ? « Dans notre atelier de découpe et de préparation de la viande, on respecte des procédures strictes pour assurer la qualité sanitaire, comme tout éleveur qui fait ce travail de A à Z et vend en direct. » Pour l'abattage, un boucher vient à la ferme exercer un savoir-faire qu'il pratique hors la loi : en France, on n'a pas le droit d'abattre un animal dans une exploitation agricole**. « Tant qu'on n'est pas contrôlés… », explique Romain sans conviction. Élever, abattre et vendre dans un cadre illégal : il ne sait pas combien de temps cela peut tenir. Et entre les enfants, la ferme, les marchés deux fois par semaine et le magasin de producteurs, le dimanche soir est vite arrivé. « Mais tant que l'on ne se battra pas collectivement, tant que l'on ne revendiquera pas nos infractions, notre petite poche de résistance ne durera pas longtemps. »

Un combat international

En France, parmi les fédérations et syndicats d'éleveurs, seule la Confédération paysanne a pris position publiquement contre la loi de biosécurité. En 2019, ses adhérents ont adressé au ministère de l'Agriculture une série de propositions. Leur objectif : changer la loi pour qu'elle ne discrimine pas les éleveurs de plein air. Partout en France, le syndicat a invité des représentants de l'État à des visites de ferme pour montrer « l'absurdité » de normes inadaptées et d'une sécurité qui « ne protège que l'élevage industriel ». Un film de quinze minutes a été réalisé en Ariège.

** Tous les animaux d'élevage doivent être tués dans des abattoirs agréés. Cependant, une disposition de la loi agriculture et alimentation (EGalim) permet d'obtenir, depuis avril 2019, une dérogation pour l'abattage à la ferme par l'autorisation de camions d'abattoir mobiles.

Dans ce court documentaire intitulé *Les Cochons de la colère*, les éleveurs de la Confédération paysanne affichent leur ambition de fermes plus autonomes et qui nourrissent la population locale. Au moment de la rédaction de ce livre, le syndicat n'avait pas reçu de réponse du gouvernement suite à sa proposition.

Leur lutte est partagée. Dans d'autres pays européens, des éleveurs se mobilisent aussi contre la biosécurité. Attila Szocs est porte-parole du réseau Eco-Ruralis en Roumanie, qui rassemble 40 000 paysans. Il est lui-même éleveur et rend compte de la difficulté de plus en plus grande à simplement vendre ses bêtes : « L'accès au marché s'est progressivement fermé, car nous ne pouvons satisfaire les règles de biosécurité[2]. » Le danger de peste porcine africaine a provoqué une profonde rupture, observe-t-il. « Jusqu'ici, il existait une immense tolérance pour l'élevage paysan, qui était traité dans une zone grise des règlements. Ce n'est plus vrai. » Désormais, il faut appliquer un processus industriel unique pour tous. Avec Eco-Ruralis, Attila Szocs est intervenu à Bruxelles auprès du Parlement européen. « Nous voulons sortir de la seule négociation avec notre gouvernement. Nous travaillons pour une lutte internationale. Les paysans polonais, français, australiens, mexicains, rencontrent les mêmes problèmes que nous ! »

Au Canada, en 2006, une grippe aviaire a frappé le sud du pays. Les éleveurs de l'Union paysanne québécoise ont alors refusé le confinement obligatoire des volailles imposé par les autorités et l'aide gouvernementale qui y était associée. « Nous ne voulons pas de votre argent. L'accès au grand air est une exigence majeure pour la santé des volailles », expliquèrent-ils dans un communiqué. Ils invitaient à suivre une autre voie pour éviter qu'une nouvelle épidémie de grippe aviaire ne se présente. « Changez vos pratiques d'élevage, utilisez moins d'antibiotiques, cessez de concentrer vos animaux, ce qui les affaiblit, ne les nourrissez pas n'importe comment. »

L'agro-écologie contre les pathogènes

Idéalistes inconscients ou visionnaires ? Face à la fulgurance des épidémies, existe-t-il une solution plus satisfaisante que la biosécurité agro-industrielle ? Un microbe arrivant dans une ferme agro-écologique sera-t-il plus enclin à retourner sagement dans son antre ? On a assisté en moins d'un siècle à un changement de nature des exploitations, qui a transformé les anciens enclos de l'élevage traditionnel en vastes foyers infectieux d'animaux échangeant à grande vitesse leurs agents pathogènes convoyés par des flux internationaux. Un battement d'ailes de poulet à Hong Kong provoque désormais une épidémie dans le Nebraska aux États-Unis. De plus en plus d'experts de santé jugent qu'il faut stopper la croisière dangereuse du paquebot agro-industriel. Mais l'agro-écologie, qui a, elle, de plus en plus le vent en poupe, peut-elle mettre fin à la circulation sans limite des pathogènes ?

On entend ici par « agro-écologie » une palette de pratiques diversifiées : l'agriculture paysanne, l'agriculture biologique, la biodynamie, la permaculture, pour ne citer qu'elles. Ces écoles regroupent autant de courants que de paysans qui les pratiquent, et évoluent sans cesse. Elles représentent autant des techniques complexes qu'une approche philosophique du vivant. Leur point commun : elles s'inscrivent dans le respect des écosystèmes et des cycles naturels, tout en permettant aux agriculteurs de vivre décemment et dignement. Bien qu'elles valorisent des savoir-faire millénaires, elles se distinguent de l'élevage traditionnel principalement pour deux raisons. Premièrement, elles mobilisent des savoirs à la pointe des connaissances agronomiques actuelles. Ensuite, elles offrent des rendements bien supérieurs à ceux du passé. Leur niveau de production n'atteint pas pour autant celui de l'industrie : l'agriculture biologique, par exemple, génère des rendements de 15 % à 40 % inférieurs à ceux de l'agriculture industrielle.

Malgré ses plus faibles capacités de production, l'agro-écologie est capable de nourrir la population mondiale. Dès 2011, l'ONU l'attestait dans une étude réalisée à l'échelle de la planète. Changer de modèle d'élevage suppose toutefois de réduire le nombre d'animaux par ferme, et donc de manger autrement.

100 % d'élevage agro-écologique impliquerait, pour un Européen, de diviser par deux la consommation de viande et de produits animaux. Dans un futur idéal, l'Institut du développement durable et des relations internationales (IDDRI)[3] donne le menu : un repas carné trois jours sur quatre – qui comprend en moyenne 80 grammes de viande ; et 300 grammes de produits laitiers par jour, ce qui équivaut par exemple à un yaourt, une portion de fromage et un verre de lait. Cette conversion alimentaire apporterait un progrès pour la santé humaine : un Européen mange en moyenne deux fois plus de protéines animales que ce qui est recommandé par l'OMS.

La course des *White Boys*

Face à une maladie, aucune configuration n'est parfaite. Il n'y a pas de solution simple prête à l'emploi. L'agro-écologie cherche la moins mauvaise des situations. Une nourriture et un habitat sains constituent en agro-écologie la base d'une bonne santé. Les scientifiques ont des mots pour qualifier l'impact de l'environnement sur l'animal : une bête qui vit en bâtiment toute l'année est immuno-déprimée, cela signifie que ses défenses immunitaires contre toute agression d'agents pathogènes sont diminuées. Anthony Le Guennec, éleveur breton qui est passé du plein air à l'élevage en bâtiment, a observé que ses cochons sont désormais « tout le temps un peu fatigués ». Ils dorment plus qu'avant et sont moins nerveux, moins actifs. La tête basse, le poil terne et l'œil triste : à l'évidence, nous avons là un tableau clinique moins bon que celui d'un animal qui saute et cabriole dans un pré.

« Les élevages industriels ont beaucoup plus de malades[4] », note le vétérinaire Paul Polis, qui précise cependant que ses confrères n'y peuvent pas grand-chose. « Dans l'industrie, on peut soigner ou soulager, mais on ne peut pas guérir l'animal. On ne lui refait pas une santé que sa vie quotidienne détruit en permanence. » Le médecin raconte qu'il a commencé dans les années 1980. Il a travaillé alors une dizaine d'années dans de nombreux types d'élevages, jusqu'à cesser complètement son activité dans les élevages industriels. « Il n'y a aucun espoir dans ce mode d'élevage condamné à disparaître. On y fait naître les pathologies. »

À 69 ans, Paul Polis n'a rien perdu de sa passion et de sa curiosité pour le métier de vétérinaire. Il passe une bonne partie de son temps sur les routes de campagne, pour se rendre à ses rendez-vous chez les éleveurs, dans le département des Alpes-de-Haute-Provence où il habite, mais aussi en Savoie, dans le Vaucluse ou dans le Nord. Avec d'autres vétérinaires rencontrés à l'Institut technique d'agriculture biologique (ITAB), il a co-fondé en 2002 Zone verte[5], un regroupement de partage des savoirs : ses membres proposent de nombreuses formations aux éleveurs qui travaillent avec d'autres modèles que celui de l'industrie.

Paul Polis ne voit que des avantages au pâturage des bêtes. Les animaux que nous avons domestiqués vivent naturellement en groupe, rappelle-t-il : « L'élevage industriel, en logeant les individus dans des box et en les séparant par tranches d'âge, ne tient pas compte de leur existence sociale. » Les relations entre animaux, comme pour tout être, les aident pourtant à trouver un équilibre. Dans un livre intitulé *La Vie secrète des vaches*[6], l'éleveuse anglaise Rosamund Young nous introduit à la vie de ses bovins. Les *White Boys* – deux veaux nés à quelques jours d'intervalle – ne se quittent pas et jouent à « On fait la course jusqu'à ta mère aller-retour ». Popette et Red Hat se font des gratouilles, Ronnie préfère rester à l'écart tandis que Straw Béret est cheffe de file. Les vaches se parlent, font du baby-sitting, s'offusquent, se mettent en colère, font des promenades. En cas de bruit inhabituel, les petits regardent les anciennes : y a-t-il un problème ? Elles ne bougent pas, tout va bien. Les jeunes se remettent à brouter.

Paul Polis perçoit un autre bénéfice à la libre circulation des animaux dans un pré : ils sélectionnent eux-mêmes les nutriments dont ils ont besoin. Un éleveur du Puy-de-Dôme raconte qu'il voit parfois ses vaches filer dans le fond du champ et se régaler de jeunes pousses de saule. On l'oublie trop souvent, mais nos médicaments viennent des plantes. Avant d'être reproduite par des molécules de synthèse en laboratoire, l'aspirine, par exemple, est issue des feuilles de saule. Sans compter les haies et les arbres qui la bordent, une prairie est en moyenne composée d'un mélange de sept à quinze espèces de graminées et légumineuses. Cette diversité fournit à l'animal une nourriture de plus faible valeur nutritive que la ration céréalière identique donnée quotidiennement à l'auge, qui stimule croissance et production, mais elle lui apporte une variété indispensable à la construction d'un système immunitaire efficace.

Pour nourrir les animaux qui nous nourrissent, l'agro-écologie emploie en priorité les ressources présentes dans son environnement. L'agronome Jacques Caplat, dans son livre paru en 2012, *L'Agriculture biologique pour nourrir l'humanité*[7], raconte comment un couple d'éleveurs de vaches laitières s'est converti à l'agriculture biologique. Auparavant, le régime alimentaire se composait de céréales, de soja importé du Brésil (7 à 8 tonnes par an pour leurs 45 vaches) et d'herbe en faible quantité. Les éleveurs appelaient le vétérinaire cinq à dix fois par an. Après la conversion, les vaches sont nourries à l'herbe en majorité, avec des céréales en petite quantité, en plus du foin l'hiver et aucun aliment n'est acheté à l'extérieur de la ferme. Il s'écoule parfois deux ans sans que les agriculteurs appellent le vétérinaire. La production de lait a beaucoup baissé – passant de 8 000 à 5 000 litres annuels par vache –, mais il est vendu à un meilleur prix, ce qui assure au couple un revenu qui n'a pas diminué.

La diversité atténue la violence de l'épidémie

Penser la santé, c'est d'abord pour l'agro-écologie une affaire d'anticipation, et donc de prévention. Un mode de vie adapté aux besoins de l'animal – autant sociaux que nutritifs – est le meilleur terrain de la résistance aux pathogènes. Il se situe à l'opposé d'une biosécurité conçue pour un bâtiment où les animaux ingèrent uniquement une nourriture qui n'est pas fraîche : des rations céréalières et fourragères sèches. « C'est comme si on ne mangeait que des pâtes et des conserves toute l'année ! Notre état de santé ne ferait que se dégrader. » Paul Polis préconise l'intégration au milieu naturel et ses richesses de biodiversité pour minimiser le risque de maladie chez les animaux.

La race des animaux peut aussi influencer la violence d'une épidémie. Nous avons abordé au deuxième chapitre « l'effet de dilution ». Le risque de contamination se voit dilué quand la variété des races de la population animale est plus importante. Une plus grande variabilité génétique accroît le risque d'une épidémie mineure et diminue la probabilité d'une épidémie majeure. L'homogénéité des races, au contraire, augmente le risque d'une épidémie majeure et réduit celui d'une épidémie mineure. En France, le cheptel de vaches laitières est composé à 60 % d'une seule race, sélectionnée pour ses performances de production exceptionnelles, la Prim'Holstein. Si une épidémie se propageait – et que son génotype y était sensible –, le pathogène pourrait décimer plus de la moitié des vaches laitières en France. Montalbanaise, Maroillaise, Fémeline, Tourache, Mézine, Blonde du Quercy, Pie rouge de Carhaix sont quelques-unes des races qui ont disparu au profit de la domination de la Prim'Holstein. Le combat des éleveurs pour maintenir la vitalité des races dites « à faible effectif », en marge du système de production industriel – on pense à la brebis Thônes et Marthod par exemple, ou au cochon Cul noir du Limousin –, est une lutte pour la biodiversité et la reconnaissance des terroirs tout autant qu'une bataille pour la santé.

Hélène Joly a 65 ans. Elle en a passé la moitié à élever des vaches. Sa ferme compte 80 hectares de pâture sur les hauteurs d'un vallon boisé à Saint-Gervais-les-Trois-Clochers, au nord de Poitiers. Hélène trait deux fois par jour avec son mari ; quand ils ne sont pas au magasin de la ferme, ils mènent les vaches au champ ou retournent les tommes dans la cave naturelle en tuffeau, la roche blanche de la région qui donne à leurs fromages un goût fruité et léger. Le couple a commencé en 1988 avec des Prim'Holstein. Mais cette race « programmée pour vivre en bâtiment » a un système respiratoire peu performant. Emmener cette race de bovin dans un champ à 800 mètres ou à 1,5 kilomètre de l'étable pose problème, car la vache fatigue. « Quand elle arrive dans le pré, au lieu de manger, elle se couche[8]. »

Les éleveurs ont essayé d'autres races. Quinze ans plus tard, le troupeau n'a pas grand-chose en commun avec celui des débuts. Les 90 laitières ont été progressivement remplacées. Les éleveurs ont d'abord acheté 11 Montbéliardes. La vache originaire de montagne à la robe pie rouge est connue pour sa robustesse, elle peut marcher sur de longues distances. Aujourd'hui, ils en ont une trentaine, et une dizaine de Jersiaises, cette vache originaire de l'île normande de Jersey est endurante et adaptée au pâturage ; et aussi des Normandes et des Têtes blanches qui donnent une meilleure qualité de lait que la Prim'Holstein, et quelques Brunes des Alpes réputées très fécondes.

Chaque année au mois de juin, ils font visiter la ferme au public, 1 000 à 1 500 personnes viennent dans la journée. De nombreux agriculteurs ouvrent des yeux étonnés en voyant leur troupeau, confie Hélène Joly. « Dans le milieu agricole, on est éleveur de Montbéliardes, ou bien éleveur de Prim'Holsteins, ou éleveur de race normande. Ce n'est pas courant, le mélange des races. »

L'éleveuse nous fait part d'un constat : chaque race a ses fragilités. L'an dernier, c'est le panaris qui a touché des Montbéliardes. La maladie est transmise par une bactérie. Elle affecte les pieds des bovins et cause de sévères boiteries, dégradant l'état de santé des animaux, qui produisent moins de lait. « Six Montbéliardes ont été malades, les autres races n'ont eu aucun symptôme », rapporte Hélène Joly. « Si nous n'avions eu que des Montbéliardes, nous aurions certainement eu plus de vaches malades dans le troupeau. » Bains de pieds aux antiseptiques, cures de zinc : soignée à temps, la maladie s'est résorbée sans recours aux antibiotiques, et la baisse de la production a été faible. Rompre avec un système de race unique permet d'augmenter la résilience de la ferme.

242 *versus* Java

À quoi ressembleront les exploitations agricoles de demain ? Les nouvelles générations d'animaux « ne pourront pas être sélectionnées sur le seul critère de leur performance productive[9] », estime Bertrand Bed'hom, ingénieur de recherche au Muséum d'histoire naturelle et spécialisé en immunogénétique. Défendre des objectifs de rentabilité à court terme s'opère nécessairement au détriment de la production sur le long terme. Le chercheur décrit les conséquences d'une logique purement productiviste par le « compromis » ou *trade off*. Utilisé en biologie et en économie, ce concept implique de perdre un avantage en échange d'un gain dans un ou plusieurs autres aspects. Il s'applique à la sélection animale, nous apprend Bertrand Bed'hom : optimiser toutes les fonctions dans un organisme est impossible. Le chercheur s'arrête sur un exemple, la production d'œufs : « Si l'on augmente le nombre d'œufs produits, affaiblit-on le système immunitaire ? Oui. Il existe une relation négative entre production et immunité. » Les animaux de l'industrie ont une forte productivité et une petite santé, les animaux de l'agro-écologie n'explosent pas les records en litres de lait mais sont moins vulnérables face aux microbes.

Construire une approche agro-écologique de la santé animale revient à s'interroger sur le rôle de la médecine vétérinaire moderne. À quoi sert-elle ? À répondre aux pressions financières des actionnaires de l'industrie et à compenser des schémas de sélection voués à l'échec ? Ou à s'attaquer aux causes des maladies ? Une idéologie est un système d'idées. L'agro-écologie vise un bon rendement tout en veillant à la qualité de l'habitat et de la nourriture de l'animal, au groupe dans lequel il vit et à l'équilibre de sa race. Nous avons là quelques-uns des grands traits de cette idéologie, ceux qui la côtoient vérifient dans la pratique son écart avec le modèle industriel. Un vétérinaire de trente ans de métier raconte ainsi que lorsqu'un éleveur lui dit : « J'ai la 242 qui est malade », la vache sera en général plus difficile à soigner que lorsqu'un autre éleveur lui dit : « J'ai Java qui est malade » en ajoutant que sa sœur avait eu la même chose deux ans auparavant. « Pourtant les deux éleveurs sont aussi ennuyés l'un que l'autre. »

En agro-écologie, il n'y a pas de fermes-usines de 1 000 vaches, 4 000 cochons ou 2 000 brebis, mais des fermes avec des animaux qui ont un nom et parfois même un surnom. Dans les grands troupeaux, il est difficile de traiter individuellement les bêtes malades, si bien que l'on observe un recours massif aux médicaments.

Un élevage agro-écologique ne renonce pas pour autant aux médicaments. Xavier Noulhianne, éleveur bio, en témoigne. Les vétérinaires qu'il a consultés partageaient tous le même avis : son troupeau de chèvres atteint de paratuberculose devait être abattu, aucun traitement n'étant efficace, la maladie était incurable. Xavier a essayé les antibiotiques, prescrits à faible dose, puis à forte dose : les animaux continuaient à mourir. « La première année d'installation, nous avons perdu la moitié du troupeau[10]. » Sur les 60 chèvres présentes au départ, il n'en reste que 30. À Montpezat, son village dans le Tarn-et-Garonne, l'éleveur de 37 ans se trouvait démuni. Il racheta des animaux, qui développèrent eux aussi la maladie. Il décrivit les symptômes aux éleveurs voisins : « Les animaux n'arrêtent pas de manger mais ne digèrent plus rien. Ils maigrissent à vue d'œil. Entre l'apparition de la première diarrhée et la mort, il y a trois à quinze jours. » Personne ne pouvait l'aider.

Apprendre à soigner

« Tuer les bêtes voulait dire arrêter l'élevage pendant plusieurs années », explique Xavier. La bactérie survit au moins deux ans dans des pâtures infectées par les excréments des animaux. Les vétérinaires ont donc conseillé à Xavier d'abattre, de supprimer le pâturage et d'élever un nouveau troupeau en bâtiment. Mais l'éleveur avait une autre vision. Lorsque la maladie est survenue en 2006, Xavier venait de s'installer avec sa compagne et leurs deux filles, laissant derrière eux leur vie parisienne. Xavier avait quitté son emploi d'ingénieur dans l'un des principaux laboratoires de production de chimie en France. « Commencer sa vie d'éleveur par un abattage, c'est mauvais », songeait le diplômé de l'École des Mines. « Si cela se reproduit, on va devoir abattre de nouveau. Il faut comprendre ce qu'il se passe. »

Xavier contacta des vétérinaires ayant une autre approche du vivant. Il téléphona au Comptoir des plantes en Corrèze : la société de quinze salariés vend des produits bio pour soigner les animaux. À côté de son usine construite en 2003, elle a son propre centre de recherche et de formation, et une ferme expérimentale. Lauréate du concours du ministère de l'Enseignement et de la Recherche en 2010, lauréate du « Sommet d'or » au Sommet de l'élevage national en 2008 et 2010, ses techniques sont reconnues et appréciées par plusieurs milliers d'éleveurs en France.

Pour résoudre le problème dans l'élevage de Xavier, deux choses semblaient nécessaires aux professionnels du Comptoir des plantes. Des cures d'oligo-éléments, iode, cobalt, cuivre, zinc, pour limiter l'excrétion de la bactérie par les chèvres adultes. Et une cure de « bonnes bactéries » à la naissance pour protéger la prochaine génération de chevrettes – la maladie s'attrape généralement avant 6 mois. L'éleveur sépara les petits de leur mère dès leurs premières heures de vie, il les nourrit au lait en poudre et leur donna une dose de kéfir lactique, un lait fermenté qui ressemble à un yaourt. Comme tous les mammifères, les ruminants naissent avec un tube digestif stérile. « Le kéfir de lait colonise très rapidement le milieu intestinal et ses bonnes bactéries se développent au détriment des flores pathogènes », explique Xavier. Lors de sa deuxième année d'installation, il déplora moins de pertes d'animaux dans le troupeau, au bout de la troisième année, la maladie ne revint pas. Il laissa de nouveau les petits avec leur mère.

« Nous n'avons pas éradiqué la maladie, nous avons fait avec elle. Nous avons aidé les animaux à se défendre. » C'était il y a neuf ans, la paratuberculose n'est pas revenue. Le traitement patiemment appliqué est loin du système industriel qui veut supprimer les agents pathogènes. « C'est une conception erronée », dit Xavier. « Dans la vie, tous les organismes ont des pathogènes. Mais dans l'élevage intensif, on considère que c'est anormal. » Au bout d'un certain temps, la co-évolution de l'hôte et de l'agent infectieux se transforme en cohabitation. On dit que la maladie est devenue endémique, c'est-à-dire permanente. Les animaux n'ont aucun symptôme : ils sont désormais des porteurs sains. Il est possible que la maladie surgisse de nouveau en cas de chute d'immunité. Mais avec une différence, précise Xavier : « Maintenant, on sait comment soigner. »

L'homéopathie avant les antibiotiques

Il faut un solide courage pour s'éloigner de la voie médicale classique. Alain Boutonnet est un vétérinaire homéopathe de renom. En 2012, il a écrit en collaboration avec des éleveurs *Homéopathie à la ferme*, un manuel décrivant un grand nombre de remèdes doux pour les animaux. Aujourd'hui âgé de 84 ans, dans sa maison de Nyons, dans le sud de la Drôme, il reçoit régulièrement des coups de téléphone d'agriculteurs de toute la France et il les conseille volontiers.

Alain Boutonnet a exercé toute sa vie avec humilité et sans dogmatisme. Le vétérinaire raconte un souvenir qui aujourd'hui encore lui donne la chair de poule[11]. Chez un couple d'éleveurs de la vallée de Quint, au flanc du Vercors, une maladie s'était déclarée et presque la moitié des 70 brebis laitières présentaient des lésions importantes dans la bouche.

Alain fit le diagnostic : stomatite ulcéreuse nécrosante, la maladie pouvait entraîner la mort de l'animal. Il donna immédiatement un traitement à base de granules de mercure et silicea, ajoutées à une thérapie à partir de la bactérie avec des doses infinitésimales du germe prélevé, dilué, dynamisé, puis administré aux animaux. Les brebis malades avaient déjà été séparées des autres, mais c'était trop tard, en deux jours, tout le troupeau était infecté et deux animaux moururent. Alain réunit les éleveurs et leur dit : « La situation est très critique, nous pourrions aussi utiliser un antibiotique. » Mais ils refusèrent : « On continue d'essayer en homéopathie », dirent-ils. « Nos clients nous font confiance, ils veulent des produits laitiers exempts d'antibiotiques. » Cette pugnacité marqua le vétérinaire.

Leur lait ne constitue aucun danger pour l'homme, car sa stérilisation tue toutes les bactéries. Au contraire, les antibiotiques peuvent rendre certaines maladies incurables, comme nous l'avons vu au deuxième chapitre. Dans la ferme du Vercors, deux autres animaux moururent et la maladie fut guérie en huit jours.

« En homéopathie, il faut pas croire, on a aussi des échecs ! » Alain donne l'exemple du rouget du porc : cette bactérie mortelle pour le cochon ne se soigne pas avec des remèdes homéopathiques, mais « une piqûre d'antibiotique permet de la guérir ». Le praticien perçoit la médecine classique et les méthodes alternatives comme complémentaires : leur utilisation doit varier suivant le degré de gravité. « Les antibiotiques sont à utiliser en tout dernier recours et quand il n'y a aucune autre option thérapeutique. » Si l'agro-écologie favorise les méthodes à base de produits naturels pour soigner, elle ne s'interdit pas la médecine classique. Le cahier des charges de l'agriculture biologique autorise par exemple l'usage des antibiotiques dans une proportion toutefois plus limitée que ce qui est pratiqué dans l'industrie. Une autre différence entre les deux modes d'élevage concerne les vaccins : l'agro-écologie ne les interdit pas non plus, mais cherche à s'en passer afin de renforcer l'immunité naturelle des animaux.

Devant les tribunaux

En France, le vaccin contre la fièvre catarrhale ovine est devenu obligatoire en 2008. La maladie est transmise par un moucheron piqueur. En se nourrissant du sang de l'animal, il l'infecte. Le sérotype 8 du virus, l'un des 24 types connus dans le monde, a été découvert pour la première fois en France en Provence-Alpes-Côte d'Azur en 2006. Un an plus tard, il était détecté dans toutes les régions. Chez le mouton malade, on constate un changement de comportement, l'animal ne s'intéresse plus aux activités du groupe, bêle plus que d'ordinaire, déglutit et boit douloureusement. Le museau est plus chaud que la normale. Cette fièvre est appelée « maladie de la langue bleue » car la langue se gonfle de sang et prend une couleur bleuâtre. Dans le contexte de l'épidémie qui touchait toute l'Europe au milieu des années 2000, le vaccin était considéré en France comme la mesure la plus efficace pour réduire les pertes – elles sont peu nombreuses, 5 % des moutons contaminés meurent de la fièvre catarrhale ovine.

Le 7 décembre 2009, Michaël Romé se retrouva dans le box des accusés. Dans la salle d'audience du tribunal de grande instance de Saint-Malo, l'éleveur d'Ille-et-Vilaine expliqua au juge qu'il refusait de vacciner ses moutons, sûr de lui, parlant calmement[12]. Dans une première phase de rencontre avec l'agent pathogène, les animaux peuvent facilement tomber malades. Mais lorsqu'ils sont infectés, la quasi-totalité d'entre eux produisent les anticorps qui leur permettent de se défendre contre la maladie. Michaël Romé estime que le vaccin est inutile, et qu'il exige en outre un rappel chaque année. Ses possibles effets secondaires contrebalanceraient ses bénéfices : dans certains cas, on observe une perte d'animaux après la vaccination. M. Romé n'est pas contre le principe du vaccin, et ses animaux ont déjà été vaccinés contre certaines maladies. Mais, selon lui, le vaccin contre la fièvre catarrhale ovine était rendu obligatoire non pas pour protéger la santé des bêtes mais pour protéger l'exportation de viande ovine vers des pays comme l'Italie, qui avait interdit en 2008, l'entrée sur son territoire d'animaux infectés par la fièvre catarrhale. Quand il eut terminé son exposé, Michaël Romé reprit à ses pieds la sacoche où se trouvait la convocation qui le menaçait de 750 euros d'amende par animal non vacciné et quitta le tribunal.

Un autre accusé s'approcha de la barre. Dans la salle, l'ambiance était chaleureuse : des dizaines de manifestants étaient venus assister aux procès des cinq éleveurs convoqués à Saint-Malo ce jour-là. Au nom de la « libre vaccination », des agriculteurs de la Confédération paysanne, de la Fédération nationale d'agriculture biologique, des membres de l'association de consommateurs et producteurs Nature & Progrès étaient présents. Pour la première fois en France, un grand mouvement de collectifs agricoles refusait un vaccin obligatoire. Dans tout le pays, Alsace, Béarn, Morbihan, Tarn, Loiret, Cantal, il rassembla 3 000 éleveurs. Nombre d'entre eux avaient été contrôlés puis appelés à comparaître. Les audiences se déroulèrent entre 2009 et 2011. Au final, Michaël Romé et tous les autres éleveurs obtinrent gain de cause. Les décisions de justice ont permis d'apporter une reconnaissance de la voie paysanne. « On reste très minoritaires par rapport au système qui a transformé l'élevage et continue à le transformer », explique aujourd'hui Michaël Romé. Les 3 000 paysans dont il parle représentent 7 % des éleveurs de moutons en France. Mais l'histoire leur a donné raison : en 2012, l'obligation de vacciner tous les ovins contre la fièvre catarrhale fut levée. La maladie est devenue endémique en France, comme en Hollande où il n'a pourtant jamais été question de vaccin : dans ce pays la fièvre a régressé grâce à l'immunité naturelle.

Parfois, il n'y a pas de débat. Ni dans les tribunaux ni dans les fermes. Favoriser l'endémicité d'une maladie est une option qui ne s'adresse pas à l'éleveur pour une poignée de pathologies infectieuses comme la grippe aviaire hautement pathogène ou la peste porcine : un cas détecté entraîne systématiquement l'abattage total du troupeau, et souvent même des élevages qui l'entourent, en gage de prévention. En Belgique, quand la peste porcine a été détectée en 2018 chez des sangliers importés de Pologne pour les loisirs de chasse, la région du sud-est du pays a été entièrement vidée de ses cochons. En France, si la peste porcine africaine arrivait, le même scénario serait appliqué.

Un choix complexe

Cette politique d'abattage systématique cause parfois plus de dégâts que la maladie elle-même, car elle peut provoquer un cycle infini d'abattages qui se répètent sur le long terme. Elle est incompatible avec l'évolution de la maladie en phénomène endémique, qui est possible après que le virus s'est propagé. L'épidémie est une vague, cela est couramment reconnu en épidémiologie. Un début, un pic, une fin : sa progression suit une courbe en cloche dans la grande majorité des cas. Les animaux, pour la plupart d'entre eux, finissent par vivre avec la maladie.

Une équipe de chercheurs français et malgaches a évalué l'impact de la peste porcine africaine à Madagascar[13], vingt ans après que le virus a fait disparaître la moitié du cheptel en 1997. Malgré l'apparition continue de foyers, la population porcine de l'île a dépassé celle connue avant l'arrivée de la maladie. Dans les années 2000 et 2010, le taux de mortalité dû à la peste porcine était en baisse. La maladie reste un fardeau, comme l'a montré en 2015 une forte vague qui a tué 25 % du cheptel dans une région du centre de l'île. Des porcs de cette même région ont été identifiés porteurs sains : ils produisent désormais des anticorps contre le virus de la peste, illustrant la capacité de résistance acquise par les animaux. Des incertitudes demeurent néanmoins quant au très long temps d'adaptation du porc à cette maladie qui est l'une des plus létales connues pour l'espèce.

En raison de la circulation à bas bruit de ce virus, les cochons de Madagascar restent interdits d'export. La maladie est strictement animale et reste inoffensive pour l'homme, mais l'exportation d'animaux pourrait entraîner une diffusion transfrontalière du virus. Ainsi, Madagascar ne peut pas faire de commerce mondial de porc mais uniquement du commerce local.

Plutôt que de condamner l'abattage systématique en soi, il faut comprendre ses raisons véritables et, parmi elles, la défense du commerce international. Doit-elle diriger les pratiques vétérinaires ? Pour l'éleveur Xavier Noulhianne, le modèle industriel agro-exportateur fabrique « des animaux jetables », plutôt que des êtres robustes qui apprennent à lutter et à vivre avec la maladie sur le long terme. Dans ce système, il n'y a pas d'évolution de l'espèce mais un remplacement continu d'animaux fragiles par des animaux fragiles.

En revanche, si le virus est mortel pour l'homme, une politique d'abattage systématique est légitime. C'est l'avis de la vétérinaire Christine Filliat, qui revient sur le dernier épisode de grippe aviaire en France : « En 2015, les souches H5N9 et H5N8 ont été détectées dans le Sud-Ouest. Les autorités ont immédiatement décidé de faire une zone blanche[14]. » Autrement dit, en quelques jours, tous les élevages de volailles, y compris ceux qui n'étaient pas infectés, ont été abattus. Une mesure drastique mais « nécessaire ».

En recherchant prioritairement l'immunisation durable des troupeaux et l'endémicité en général plutôt que stopper le virus au début de sa vague, l'agro-écologie ne fait pas disparaître les épidémies ni la perte d'une partie des animaux. Mais elle réduit fortement, en amont, le risque de propagation d'une maladie.

CONCLUSION

Les sentinelles animales

La principale difficulté rencontrée lors de la pandémie de Covid-19 a été causée par le manque de préparation des systèmes de santé. Dans de nombreux pays, ils ont été incapables de répondre à la demande de lits, de personnel soignant et de respirateurs artificiels pour absorber l'afflux soudain de patients hospitalisés en soins intensifs.

Pour prévoir de telles éventualités, probables dans le contexte de la mondialisation, nos sociétés doivent utiliser des outils de simulation et anticiper. L'anthropologue italien Roberto Beneduce disait en mai 2020 : « Le seul vaccin efficace, c'est de conserver la mémoire de ce qui vient de se passer. » Or la plupart du temps, les catastrophes sont vite oubliées afin de laisser indemne la conception que l'on se fait du monde.

Nous savons aujourd'hui que l'une de nos plus grandes vulnérabilités aux perturbations sanitaires réside dans nos modes de production alimentaire. Au moment de la rédaction de ce livre, à l'été 2020, une panzootie de peste porcine africaine déferlait sur une partie de l'Asie et touchait certains pays d'Europe, atteignant une ampleur inégalée en termes de nombre de porcs morts. Mais des événements similaires ont déjà eu lieu dans l'histoire récente : Nipah, grippe H1N1, diarrhée épidémique porcine, syndrome dysgénésique et respiratoire porcin… Il ne s'agit pas de crises, mais de l'effet sans cesse répété d'un système productif qui fabrique des épidémies à la chaîne.

Toute nouvelle souche virulente trouve maintenant des conditions écologiques optimales pour parcourir l'ensemble de la planète. L'un après l'autre, les pathogènes produisent un mémento de ce que sont la société mondialisée et son élevage à modèle unique. Mais au lieu d'attaquer le problème à sa source en mettant fin à l'industrie de l'élevage, elle ajoute du grain au moulin à microbes : la biosécurité ne met ni les animaux ni les humains hors de danger, elle accroît au contraire les menaces en franchissant une nouvelle étape dans l'industrialisation de l'élevage.

Ainsi renforcé, le système industriel sert les intérêts des firmes multinationales au détriment des petits producteurs. Nous atteignons un monopole idéologique à ce point aveugle que les signes de la dégénérescence de ce système ne compromettent pas sa pérennité. Le profit a pris de plus en plus de place et nous a fait perdre de vue l'objectif essentiel : nourrir, bien, la population.

D'un continent à l'autre, des bâtiments fermés, similaires. Où sommes-nous ? À Berwick, à Fenhuang, à Sérignac-sur-Garonne, à Dijuisdi, à Riscaw ? Quelque part entre deux murs. Tristes campagnes. Et dangereuses. Dans ces bâtiments, des milliers d'animaux aux systèmes immunitaires affaiblis suffoquent dans la chaleur et le lisier, et diffusent leurs agents pathogènes.

Et maintenant ? Souhaite-t-on apprendre à vivre sous la menace constante de pandémies ou concevoir un monde qui assurerait la santé de l'humanité et des animaux ? La réponse semble évidente, elle demande en réalité un profond changement. Mais pour engager celui-ci, nous sommes loin d'être démunis.

Notes bibliographiques

Introduction. Un écosystème agro-industriel pathogène

1. Nuno R. Faria, *et al.*, « The early spread and epidemic ignition of HIV-1 in human populations », *Science*, n° 346, octobre 2014.

1. Comment les animaux sont devenus des machines à produire

1. Association L214 à partir des données d'Agreste, le service statistique du ministère de l'Agriculture.
2. Institut national de la statistique et des études économiques (INSEE).
3. Base de données de la FAO, FAO STAT.
4. ONG CIWF France.
5. ONG Greenpeace.
6. FAO STAT.
7. Site internet du photographe George Steinmetz ; https://georgesteinmetz.com/.
8. Interview par l'autrice, 5 mai 2020.
9. Jim Mason et Peter Singer, *Animal Factories*, New York, Crown Publishers, 1980.
10. *Ibid.*
11. Michel Debatisse, *La Révolution silencieuse*, Paris, Calmann-Lévy, 1963.
12. Service central des enquêtes et études statistiques (SCEES).
13. Mindi Schneider, « Dragon head enterprises and the state of agribusiness in China », *Journal of Agrarian Change*, n° 17, p. 3-21, 2017.
14. *Ibid.*
15. Michael Moss, « U.S. Research lab lets animals suffer in quests for profit », *New York Times*, 20 janvier 2015.

2. Quand l'agro-industrie suscite des maladies

1. Interview, 29 mai 2020.

2. Robert Wallace, *Big Farms Make Big Flu*, New York, Monthly Review Press, 2016.

3. Juliet Pulliam *et al.*, « Agricultural intensification, priming for persistence and the emergence of Nipah virus : a lethal bat-borne zoonosis », *Journal of the Royal Society*, p. 89-101, 2012.

4. FAO STAT.

5. Mary J. Gilchrist *et al.*, « The potential role of CAFOs in infectious disease epidemics and antibiotic resistance », *Journal of Environmental Health Perspectives*, 2006.

6. A.V.S. Gomes *et al.*, « Overcrowding stress decreases macrophage activity and increases Salmonella Enteritidis invasion in broiler chickens », *Avian Pathology*, p. 82-90, 2014.

7. Sonia Shah, *Pandemic*, New York, Sarah Crichton Books, 2016.

8. A.J. Springbett *et al.*, « The contribution of genetic diversity to the spread of infectious diseases in livestock populations », *Genetics Society of America*, vol. 165, novembre 2003.

9. Interview, 20 avril 2020.

10. El Steinmann, Yves Deguilhem, Jérôme Thorel, Éric Chol, Véronique Le Billon et Cécile Cau, « Vache folle : l'autopsie d'un désastre », *L'Express*, 18 avril 1996.

11. Avis de l'ANSES, relatif au risque d'émergence de la diarrhée épidémique porcine (DEP) due à un nouveau variant de la DEP en France, juillet 2014.

12. Van Boeckel *et al.*, « Global trends in antimicrobial resistance in animals in low- and middle-income countries », *Science*, 2019.

13. Anne Bouchard, Bernard This, *Délivrance ou le placenta dévoilé*, Fenix (édition numérique), 2015.

14. « Tackling drug-resistant infections globally : Final report and recommendations », *Review on Antimicrobial Resistance*, 2016.

15. Kevin Sack, « Infection Killed 19,000 in 2005, Study Says », *New York Times*, 16 octobre 2007.

16. Organisation mondiale de la santé (OMS) ; https://www.who.int/fr/news-room/detail/18-06-2019-in-the-face-of-slow-progress-who-offers-a-new-tool-and-sets-a-target-to-accelerate-action-against-antimicrobial-resistance.

17. « Tackling drug-resistant infections globally : Final report and recommendations », *Review on Antimicrobial Resistance*, 2016.

18. François Moutou, « Bilan de l'épizootie de fièvre aphteuse de 2001 et schéma de lutte », *Bulletin des Groupements techniques vétérinaires*, n° 14, p. 30-36, 2002.

19. Interview, 18 juin 2020.

20. Sophie Le Dréan-Quénec'hdu, « L'actualité des maladies bovines s'invite à la journée nantaise », *La Semaine vétérinaire*, n° 1032, p. 51-52, 2001.

21. Julie Maupomé, « Résurgence de la fièvre aphteuse en Europe en 2001 », thèse doctorale de l'École nationale vétérinaire de Toulouse, 2002.

3. La biosécurité, un choix politique caché sous la technique

1. Javier Lorente Martín, « Reportage : Yangxiang, l'élevage à neuf étages », *3 trois 3*, 19 novembre 2019.
2. AFP, « Des experts dressent un sombre tableau de l'élevage porcin chinois », 12 septembre 2019, publié par Web-agri.fr.
3. Chen H. *et al.*, « Establishment of multiple sublineages of H5N1 influenza virus in Asia : implications for pandemic control », *PNAS*, 2006.
4. Monchai Duangjinda, Kreingkrai Choprakarn, Surachai Suwanlee, Panrapee Amnueysit, Olaf Thieme, *Impacts of Avian Influenza Outbreaks on Indigenous Chicken Genetic Resources in Thailand*, FAO, 2009.
5. Paul Forster, Olivier Charnoz, « La production de connaissances en temps de crise sanitaire », *Revue d'anthropologie des connaissances*, p. 112-144, 2013.
6. Paul Forster, « The political economy of avian influenza in Indonesia », Sussex, Social, Technological and Environmental Pathways to Sustainability Centre (STEPS Centre), 2009, p. 31.
7. Paul Forster, Olivier Charnoz, *op. cit.*
8. *Ibid.*
9. Interview, 18 mai 2020.
10. FAO, OIE, Banque mondiale, *Bonnes pratiques en matière de biosécurité dans le secteur porcin*, Rome, 2011.
11. Serge Morand *et al.*, « Biodiversity and emerging zoonoses », *in* Akio Yamada *et al.*, *Confronting Emerging Zoonoses*, Springer, 2014, chap. 3.
12. Didier Guériaux, Alexandre Fediaevsky, Bruno Ferreira, « La biosécurité : investissement d'avenir pour les élevages français », *Bulletin de l'Académie vétérinaire française*, p. 112-117, 2017.
13. Interview, 2 juin 2020.
14. Interview, 9 juin 2020.
15. Interview, 11 juin 2020.
16. Interview, 9 juin 2020.
17. Dominique Poilvet, « Fièvre porcine africaine, priorité à la biosécurité », *Réussir. Porc*, 4 février 2019.
18. Interview, 2 juin 2020.
19. Stephen Hinchliffe, « Vivre avec des oiseaux, frontières de la biosécurité en Angleterre », *Cahiers d'anthropologie sociale*, p. 77-88, 2012.

4. Les multinationales profitent sans payer

1. « Chinese pig farming kings thrive as African swine fever sends prices soaring », *South China Morning Post*, 15 décembre 2019.
2. *Ibid.*
3. Hallie Gu, Dominique Patton, « China's New Hope breaks into Southeast Asia pig farming amid disease woes », Reuters, 29 octobre 2019.
4. Interview, 27 avril 2020.

5. Southeast Asia's Chinese Businesses in an Era of Globalization, Coping with the Rise of China, ouvrage coordonné par Leo Suryadinata, 2006.
6. Interview, 1er juillet 2020.
7. Sarah Kahn, Francisco Muzio Llado, « Implementation of the compartmentalisation concept : practical experience and perspectives », *Revue scientifique et technique de l'Organisation mondiale de la santé animale (OIE)*, 2014.
8. A. Scott *et al.*, « Le concept de compartimentation », *Revue scientifique et technique de l'Organisation mondiale de la santé animale (OIE)*, 2006.
9. Communiqué de presse de Cobb-Vantress, « Cobb achieves first compartment status in Brazil », The Poultry Federation, 2014.
10. Interview, 17 juin 2020.
11. Manon Racicot, Daniel Venne, André Durivage et Jean-Pierre Vaillancourt, « Description of 44 biosecurity errors while entering and exiting poultry barns based on video surveillance in Quebec, Canada », *Preventine Veterinary Medicine*, vol. 100, n° 3-4, p. 193-199, 2011.
12. Stephen Hinchliffe, « Vivre avec des oiseaux. Frontières de la biosécurité en Angleterre », art. cité.
13. Projet de loi de financement de la sécurité sociale pour 2010, *Les mesures relatives à la grippe A/H1N1*, Sénat ; https://www.senat.fr/rap/a09-091/a09-09112.html.
14. Éric Nunès, « Une grippe à 2 milliards d'euros », *Le Monde*, 4 janvier 2010.
15. FAIRR, *An Industry Infected. Animal agriculture in a post-COVID world*, 3 juin 2020.

5. Les paysans se rebellent

1. Interview, 18 juin 2020.
2. Interview, 22 mai 2020.
3. Xavier Poux, Pierre-Marie Aubert, « Une Europe agroécologique en 2050 : une agriculture multifonctionnelle pour une alimentation saine. Enseignements d'une modélisation du système alimentaire européen », IDDRI, septembre 2018.
4. Interview, 16 juillet 2020.
5. https://www.giezoneverte.com/le-collectif.htm.
6. Rosamund Young, *La Vie secrète des vaches*, Paris, J'ai Lu, 2018.
7. Jacques Caplat, *L'Agriculture biologique pour nourrir l'humanité*, Arles, Actes Sud, 2012.
8. Interview, 2 juillet 2020.
9. Interview, 18 juin 2020.
10. Interview, 19 juin 2020.
11. Interview, 22 juillet 2020.
12. Interview, 6 juillet 2020.
13. Harentsoaniaina Rasamoelina-Andriamanivo *et al.*, « How could an African swine fever outbreak evolve in an enzootic context ? The case of Imerintsiatosika, Madagascar in 2015 », *PLOS One*, 6 septembre 2019.
14. Interview, 22 juillet 2020.

Table

DANS LA MÊME COLLECTION

Christine Laurent
Mon jardin sans pétrole
2019

Isabelle Attard
Comment je suis devenue anarchiste
2019

Ouvrage collectif
L'Écologie du XXIe *siècle*
2020

RÉALISATION : NORD COMPO À VILLENEUVE-D'ASCQ
ACHEVÉ D'IMPRIMER SUR ROTO-PAGE
PAR L'IMPRIMERIE FLOCH À MAYENNE
DÉPÔT LÉGAL : OCTOBRE 2020. N° 146605 (96868)
IMPRIMÉ EN FRANCE

Pandémies, une production industrielle